选择你所能
承受的那条路

KNOW YOUR WEIGHT

达达令
BY DaDaLing
作品

中国友谊出版公司

因为没有人在乎你想要什么样的生活，
所以寻找自己才成了一件弥足珍贵的事情。

我们要做的事情不是去实现别人看起来很幸福的事情，
而是去实现能够让自己内心获得快乐的事情。

成长最痛苦的是，
事情总是超前于你理解与接受的节奏，
你总觉得自己还没准备好，
你一直被迫赶路。

大部分人都过多地把重心落在关注"别人为什么能够成功"这件事情上，
而很少专注于"成为更好的自己"。
没有前者的放下，
又哪来后者的精进勇猛呢？

让自己过得充实，
得先是一种内在的心理意识，
而后反馈到行动中引导你的生活模式，
所以你要有危机感，
时刻保持有意识的状态。

我们觉得冥冥中有一种力量在支撑或者指引我们，
其实那不是一股外在的力量，
或许这股奇妙的磁场源泉就来自于另外一个自己。
细细想来，
我们的确就是按照自己的内心来看待、
反馈以及塑造周围的世界。

当你体会过生活的千姿百态之后，
你终于成了一个有耐心、温柔、善良、
内心坚定有力量的人，
你的状态一定是温柔平和的。

只有我们知道如何成为自己

七年前的今天，我在读大学。每天夜里在宿舍熄灯前都会赶紧洗漱干净，然后躺在床上，打开收音机，调到97.8MHz。夜里11点30分，整栋大楼昏暗下来，收音机里悠扬的轻音乐前奏开始了。

电台的主持人叫安然，她每天都会念一个小故事，尾声之时穿插一个小主题，留给听众朋友们思考。有一天夜里，安然问：有哪些你以前坚定不移相信的道理，在某一天突然被你完全推翻否认了呢？

那个时候年少，我没有答案。我只是把这个问题写在了日记里。

直到很多年后的今天，我终于可以回答这个问题。

以前我总喜欢告诉自己，等长大了这件事情就想明白了。后来我又告诉自己，等自己将来老了这件事情就想明白了。刚进入职场谋生存的时候，我告诉自己，等以后有钱了这件事情就想明白了。

　　后来我才发现事实的真相是：人生永远都有想不明白的事情。这一切的未知，并不会随着时间的流逝，我们的成长，就能得到解决。

　　后来，我慢慢清醒地认识到：认清自我，学会梳理，是一件多么重要的事。

　　这一年多来的写作思绪里，我把所有的精力都投入到了自我反思，即认知这个世界的思考中。

　　这件事情并不伟大。因为在琐碎的生活中，就能让我想出很多以前想不明白的答案。

　　可这件事情也很伟大。因为它让我清醒地认知自己存在于这个世界上，是一个怎样的普通人——有哪些是我不能改变需要接受的部分，而又有哪些是我可以通过努力可以进步的部分。

　　这个电光火石的念头，直接让我之前懵懂、纠结、痛苦的生活，终于开辟出了一丁点可以呼吸的空间。

　　如果说以前的文字记录的是我的生活，那么在这本书里，文字之于我的意义就上升到了另外一个层次：那就是反思我自己存在于这个世界的角色，以及畅想未来的任何一种可能。

　　第一本书出来的时候如初恋，懵懂、慌张、紧张，甚至还有一些尴尬。就如同半生不熟的米饭，对于挑剔的人来说并不好吃。可是对于需要解决饥饿问题的人来说，却也算得上是极好的待遇。

但是我依然很感激第一本文集的出版，让我被更多的人认识，也让我遇到了更多的同类人。

而这一次的文集相比较之前的第一本书，就我自己的体会而言，也上升到了更高一层的价值观思考和梳理，开始有了系统化、程序化这一系列的模块标签。

我不喜欢给别人说教，因为我也是一个无知的摸索者，但是我愿意在探讨的过程中把我的一些体验记录下来。我不能保证对所有人都有用，但是如果在我的质疑思绪当中，因为磁场吸引到价值观相近的几个人——我可以厚着脸皮说，这也是你的幸运，你可以在有生之年遇上我的文字。

我至今还是一个内在特别慌张的人，慌张是因为我对这个世界还存在很多疑问。

也是在这一本文集的梳理中，我明白了一件事情：没有人在乎你想要什么样的生活，所以寻找自己才成了一件弥足珍贵的事情。

如果你是一个天生的乐观派，或许这本书对你而言没有用处。毕竟你已经有足够好的心情和心态来面对生活，那是我羡慕至极却又得不到的部分。

如果你是一个主动思考者，我觉得这些字里行间总有一些片段会对你有些启发作用。这里有很多的解决之道，也有很多感性的情绪阐述。因为都是我走过的路，都是我写下的文字，所以我从来不觉得它冰冷。

如果你希望我这一篇序言可以集中告诉你"你可以得到什么"这件事情，我试着想了几点：比如让你升职加薪赚更多的钱，比如让你遇见更好的伴侣，比如让你在人际关系里游刃有余，比如让别人更加赏识你、崇拜你、尊敬你。

可是我不想这么来推荐我的这本书。

这背后有很多关于向内而生的东西。这些平静的文字表达背后有着我通过向他人求救，以及自救，从而组织起来的情绪跟人生真相。有些看起来并不那么美好，或者说一点都不美好。但是痛苦并不是一件不光彩的事情，相反的，它会让我们感觉到自己是真实的。

听到过一种说法，有些人的人生三年、五年、十年都没什么差别，而有些人的一年时光却像是经历了很多惊涛骇浪。我不能说我这一年收获精彩满满，但是这一个个夜里写下来的感受，每一个字都提醒着我：这一年里经历了一层又一层的蜕变。

寻找自我可能是人生里最艰难的课题，可是它带来的成就感也是无与伦比的。我只能告诉你，刚刚走上这条路的我，已经尝到了那种无法为外人道的成就跟甜头。

我开始欲罢不能，势必会继续走下去。

如果这世上一定会有个人知道这是一种怎样的快感的话，那个人一定就是你自己。

好了，现在你可以打开下一页，走进那些或许与你有关的思考梳理长河里了。

愿你这一段阅读旅途愉快。

目录

负能量它是个小恶魔

PART
3

好运总在一念之间

PART
4

自己挣来的门当户对

我们都是主动选择了一种生活

什么是内在力量?

顾名思义,内在力量来自人的内在,当你遇到人生中大悲大喜之事,这种力量能够让你坦然面对,平和地与自己的情绪相处,不会因为欢喜而得意忘形,不会因为悲伤而踌躇不前。

如何获得平和的内在力量呢?

你要坦然面对成长中发生的各种事情,接受它们的存在,梳理它们的内部逻辑,不断总结、反思,去改变自己能够改变的地方。当你体会过生活的千姿百态之后,你终会成为一个有耐心、内心柔软却坚定如山的人,你对自己的人生也拥有了掌控能力。

内 在 力 量 寻 觅 法 则

选择你所能承受的那条路

About: 梳理你的价值观。

　　有个姑娘说自己脑子一团糟，在这个信息多元化的社会里待久了，面对一些事情失去了清晰的判断和立场，想问我是如何梳理自己价值观的，有什么特别推荐的方法？

　　对我来说，"感到脑子一团糟"的情况截止在我大三那年。那一年，我用一场抑郁症的代价给自己换来了冷静而清醒的底蕴。然后我遇到了一个人——Q先生，他引导我接触到了价值观这个层面的思考。

　　跟Q先生相识于篮球场，那时候他一个校外人员经常跟我男友这样的学生一起打球，因为球品相合，Q先生慢慢地就跟我男友熟悉了。有一次Q先生邀请我们去他家聊天，然后我们就知道了他的大概

_3

情况。

　　Q先生毕业于我们学校，现在一家外企上班，年薪近百万，有一些公司的股份。另外，他还开了三家公司，两家在武汉，一家在广州，这也是他为什么经常回武汉的原因。

　　Q先生说，他大学的时候也喜欢打篮球，工作这么多年一直没有放下。每次回到母校的时候，他就会把车开到离学校比较远的地方，然后骑自行车或者走路过来，再去篮球场上跟师弟们打球。

　　我问为什么要把车停在离学校比较远的地方呢？他说因为开的是好车，要是开进学校里，就会让学生们有距离感，这样打起球来就不自在了。更重要的是有同学在学校里工作，遇上了怕大家尴尬。

　　我说，这都是你挣来的钱，你就是混得好，为什么要担心那些事情呢？

　　Q先生说，我不是担心，而是为了让自己心里过得去。这些年我一直都是这样，我回到校园里就切换到一个打篮球的学长身份，与其说不让其他人有压力，不如说想让自己更舒服一些。

　　他又补充一句，我不会轻易自卑，但是也不愿意刻意高调，同时心里多一份照顾别人情绪的细心，这也是我秉承的价值观。

我那会儿也对价值观感兴趣，于是我问他，你的价值观是怎么让你成为今天的自己的呢？

Q先生突然停顿下来，他喝了一口咖啡，然后慢慢说出了下面这一段话：

我不知道你们现在能不能理解，但是以我这十多年的人生经验而言，我们都是需要一边树立价值观，一边还不停地跟价值观作斗争的人。

也就是说，如果你想以后自己不轻易被这个社会打败，你需要在自己的内心设立一套价值观系统，这个系统大概就是一个核心的价值观以及附带一些微小部分的价值观。

怎么说呢？就相当于一只蜂王引领着一群蜜蜂，一只蚁王引领着一群蚂蚁。

你要寻找到一个最核心的价值观信仰，这个东西必须是你内心坚信的，它能够在你经历重大挫折以及人生转折点的时候，保证自己可以熬过来，不会崩溃。

至于那群小蜜蜂以及小蚂蚁，它们就是围绕在这个核心价值观身边的枝干价值观，它们积累于人生的不同阶段，一直处于变化之中。有时候你刚树立起一种价值观，但过后你又会把它推翻。

你要知道的是，核心价值观很难找到，但是你一定要去寻找。

你更要知道的是，枝干价值观很乱，变化比较快，但是你要接受它的变化，同时学会不断推翻，然后重建，再推翻再重建，周而复始，从而保证它乱中有序，这是一个躲不开的过程。

听完这段话，我直接蒙了，当时的我根本消化不了。事到如今想起来，我当时应该是刚刚开了一些窍，但是因为以前不曾有过这样的状态，所以一下子还适应不过来。

这么多年过去了，回想起Q先生这番话，顺着他的思路和逻辑，我惊奇地发现，我居然就按着他所说的一步步走了过来。

我先说最核心的那个价值观，并且只有一条，那就是我之前提到过的"真善美"。

怎么判断这是我最核心的价值观呢？那就是要找最极端的状态来做考验。也就是说，此生在我可控的能力下，秉承着这个真善美的价值观，我绝对不可能做出杀人放火危害社会安全的事情。

这个思路的背后是，我一方面认识到如果我那样做了，我也会遭到制裁，但是我还想活得更久一点，这是保持理性的最后底线。

另一方面就是我愿意相信这个世界真善美的部分，我报复了别人，除了自己也会受到制裁之外，我还会辜负另外一些爱着我、关心我的人。

因为不敢辜负，所以就有责任。这就是真善美的信念给予我的力量，它无关宗教，因为信仰在我心里。

这个核心价值观对我而言，就是那只蜂王和蚁王。它低调地潜伏在我的心底，它不一定经常冒出来，只是在我需要的时候，并且是快要支撑不住的时候冒出来，如同一个高贵的女王，安抚着我"不要慌张"，并且有条不紊地展开后续的处理工作。

我再来说分散的枝干价值观。

我们把这些枝干价值观分开来看，就我们普通人而言，可以分配到生活、学习、职场、爱情、亲情、友情、社交这几个方面。

比如生活态度，有些人的人生原则是今朝有酒今朝醉，有些人觉得要事事做规划提前准备，这两种状况导致的结果不一样。

前者是喜欢享受当下，觉得船到桥头自然直，但是这样会导致自己遇到难题的时候容易陷入困局走不出来。而且打击过大的话，会导致一个人再也无法恢复。

后一种状态会让一个人太过于保守，脚步迈不开。一件事情还没有去做，他先把最坏的结果想到了，进而堵死自己：算了，这样太可怕了，我还是不要去做了。

我再说说关于努力的价值观。

我大学有个女同学，一开始就没打算自己奋斗，因为她觉得太辛苦了。后来进入职场后，她开始寻找公司里的富家男生，不需要太投入感情，只需要会撒撒娇就可以换来包包，房租也不需要自己交。

再后来她更大胆了，开始跟自己的上司有了暧昧，于是升职加薪，一路高歌猛进。她还去参加各种酒会，看到高大上人士就会想办法认识，后来她终于嫁出去了。她的先生是一个香港人，家里有了一个老婆，她相当于是内地的老婆。她过得很舒服，每个月先生给几万生活费，于是她也不工作了。

也就是说，她不需要付出太多努力，就过上了目前算是安逸的生活。我不知道别人是怎样看待这个问题的，对于我这样有忧患意识的人来说是不合适的。先不说道德问题，而是在于她提前消耗了人生享乐的部分，后面的趋势是往下走的。但是我选择的是先苦后甜，先打好地基再去建造高楼大厦，所以她那种价值观是影响不到我的。

这样的枝干价值观，我还可以说很多。

一是生活态度。我不接受过于吃苦的紧巴巴的日子，在自己有条件的前提下，吃好玩好住好，对自己的身心有好处，这样可以用更好的状态投入工作学习中，这是一个良性循环的过程。如果你现在没有多少资本，那就要在忍耐和蛰伏的时候，努力去改变这种状态，而不是接受它。

二是爱情观。我觉得精神上的门当户对很重要，两个人势均力敌，感情会更稳固一些。但是同时也做好最坏的打算，这决定了你要做一个精神独立的人。

三是亲情逻辑。我永远怀有感恩之心，但是不会被亲情绑架。自己的生活过好了，才有可能让亲人过好，这两个的顺序绝对不能倒换。

很多人给我留言，父母不让自己到很远的地方工作，否则就是不孝，于是自己很纠结。我一般会告诉他们，先把自己想要走的路走出来，这期间家人的压力依然在，你要做的不是妥协，而是拼命把自己过好，这样他们才会相信你是对的。

……

以上我说的一切，都是基于此刻我所梳理的价值观。而价值观的建立过程，就是很简单的几步：

一是建立一个最核心价值观不动摇。务必守候内心那个本真的自己，这是底线。

二是梳理枝干价值观，使它顺应这个不断变化的世界。

三是给时间一点耐心，让时间证明这段思考是对的。

说到这里可能会有人觉得，你说的这一堆东西太麻烦了，这样会很累啊！其实我想说，这就跟建房子一样，一开始必定是要辛苦一点的，但是如果你不打算建房子，那么人生的暴风雨来临的时候，你又该怎么办呢？

一旦价值观体系建立，你会发现，那些让你左右摇摆的事情都不会再让你为难，因为你已经明白，不是选择太难，而是你想要的太多。从整个人生来说，我们一直都在A跟B之间做抉择，我们甚至不知道丢了眼前的西瓜能不能遇到更大的瓜。

成长最痛苦的是，事情总是超前于你的理解与接受的节奏，你总觉得自己还没准备好，你一直被迫赶路。

所以不停地修正价值观本就是一种常态，只有这样你才能适应这种超出自己把控的状态。

可是成长有趣的是，它让一切变得有了答案。这个答案就是，你要么努力实现自己的每一个梦想清单，要么接受自己的平凡，并且不该抱怨。

也就是说，迷茫渐渐不在了。这种拨开乌云见光亮的感觉，比起那些少女的忧愁更让我安心。我怀念过去的懵懂无知、单纯迷茫，但是我更喜欢现在心中有底气有力量的自己。正因此，一切失败的部分有了适当的安慰，一切悲观的人生也有了前行的勇气。

刘若英说，希望自己永远握有最终的选择权。如同我的人生最重要的一句话，"选择我所能承受的"。选择你所能承受的那条路，这样你才不会怀疑人生的意义，你才有接受每一份结果的专注和投入。

发 呆 片 刻

死亡一下就把人带到尽头，而活着能有那么多的可能性啊。

——美剧《权力的游戏》

平凡人生的另一种可能

About：贫穷的人生是否能够改变？

01

网上有一个话题，关于贫穷的人生是否能够改变。

提问的人就读于计算机研三，即将毕业，他说站在人生的十字路口上，感觉自己真的输了。

原因是因为他年前在北京实习，过年回家再一次被两种价值观的巨大反差所折磨。他说自己实习的公司里有同事的小孩要去美国读初中了，可是在自己老家一个远房亲戚家的孩子，即将读高中，前几天在问他，电脑是什么……

这个男生说起自己的成长经历，大学里他人生中第一次说普通话，第一次知道公交车和地铁，第一次去肯德基。为了掩饰贫穷带来的自卑，他开始喜欢上批判，对待任何事物都喜欢找出其中不光彩的一面，以此来一次次地逃避这个给自己造成巨大冲击的"外面的世界"。

后来他越发地感觉到身边人的厉害，他开始慢慢觉悟，并且不再浮躁，可是因为"那份物质富有造就的眼界和精神层次"是自己永远遥不可及的，于是开始纠结这件事情：如何才能改变贫穷在自己身上留下的烙印呢？

说得直白一点，这是一个破罐子破摔的故事，因为知道自己此生再怎么努力，可能也过不上别人那样的生活，所以我干脆就不好好过了。

可是这个世界残忍是，当你意识到这个差距的存在，你是不可能当作没发生一样的。这个心理负担就像影子一样，无时无刻不在纠缠着你，并且深刻地影响你在具体生活中的选择。

一切都不敢尝试，可是心里每天都在斗争骂自己没出息。如果你不跟这个纠缠的事情和解，那么它一辈子也不会放过你。

02

我有一个远房表哥，只比我大三个月，我们从小一起玩耍一起上学，一直到初中毕业。然后我考上了市里的重点高中，表哥成绩一般，只考上了普通高中。

按理说也可以照常上学的，可是不知道为什么，表哥突然跟家里人提出不想上学了，理由是觉得太累了。

我们这样普通家庭的父母，其实没有多大的思维格局可以给自己的孩子做出好的引导，甚至因为某种软弱的善良，连用武力逼迫表哥去上学的念头都没有，于是家里放他自己南下打工去了。

后来，我考上大学，毕业后进入职场工作。表哥工作没几年经人介绍，娶了一个农村的女孩，然后有了两个孩子。他继续外出打工，老婆三天两头打电话闹着要离婚。

贫贱夫妻百事哀，这其中的细节也不需要赘述，只是每次听到他妈跟我妈哭诉的时候，也难免会心酸。

今年国庆假期我回老家，表哥也来家里吃饭。这几年我们都没有见过面，见到他的一瞬间，我僵住了，不知道怎么开口叫他。他晒得很黑，脸上也开始有了沧桑的痕迹，我们在餐桌上吃饭也有些尴尬。

谈论起我的工作，大家七嘴八舌的，只有一个人一直没有出声，就是我的表哥。每次我望向他的时候，他就会下意识地低下头。晚饭过后我想找他说说话，他很快放下筷子就找借口走开了。

那天夜里我陪小侄子写作业，三年级的他第一次写作文，题目就是《我的梦想》。那一刻我的记忆回到很多年前，我跟表哥每天一起上学，座位我们就是前后桌。

他长得虎头虎脑，皮肤白皙，笑起来一副可爱少年的模样。他还教我学会了骑自行车，帮我去摘马路旁的桂花给我带回家插在花瓶里，秋日里总是满屋清香。

我曾经以为我们可以一直这样快乐下去，没想到站在人生岔路口的那天，我们走上了不同的人生道路。

而我跟表哥之间的分叉口，就是源于那一年他面对学业压力，有了逃避的意识之后，身边没有一个可以从精神上帮助他的人。物质上的匮乏也造就了本身的自卑，只是对我而言，这种自卑让我更加努力，他则是给自己满满的负能量之后，就开始走上另外一种人生道路。

一念之间，两种人生。

03

我们来到这个世上，不是为了活着，而是为了生活。

以前听到这句鸡汤的时候，我想到的都是怎样让自己生活得更好。可是我从来没有意识到，在我的家乡，在很多偏远落后的地区，很多人都是在勉强地生存着。

当我有能力让父母放松下来的时候，我以为这个世界都可以慢慢变好，可是我发现我错了。我跟我的家人在变好，是因为我们每一个成员都在努力，可是有很多人，甚至连可以努力的资本都没有。

如果是以前，我也很喜欢用"你要去努力，你要去拼搏"的话语，去鼓励一个贫穷家的小孩要努力赶上别人。可是现在我不敢了，因为这是个谎言。

一个人一旦建立了"我奋斗了十八年，就是为了能坐下来和你喝咖啡"的价值观，那么终有一天你会发现，当你好不容易有了可以跟他一起喝咖啡的资本时，那个人说不定早就奔到大西洋的游艇里喝红酒去了。

为了过上别人的生活，我们付出了太多的代价。就像我们无数在北上广深奋斗的外地人，即使每天都在鼓励自己，可是真正的现实是，有很多人终其一生，还是挣扎在这种漂泊的生活里。而且随着时间越长，自己再也无法回到故乡，再也无法习惯老家的生活，然后活在"大城市待不下，老家回不去"的尴尬状态里。

这个残忍的世界里，能够混出头的毕竟是少数，大部分人依旧活得艰难。

我身边很多同事跟我聊起自己的老家，都会告诉我，他们是自己家里那么多孩子中唯一的一个大学生，唯一一个走出来的孩子。这些同事跟我一样，每个月除了自己的生活开销，还需要寄钱回去给父母，有些还要负担自己的兄弟姐妹的开支。

与此同时那些作为本地人的同事，每天却是在考虑这个月要买最新的苹果手机，下个月要去国外旅行，这个星期要去看明星演唱会。他们烦恼的是每天回家跟爸妈吃饭都很受约束，可是一想着出来就要自己花钱租房子，没有人给做饭，瞬间就蔫了。

可是大部分的时间里，我们跟这些同事之间是没有沟通障碍的。我们一样谈论时事新闻，一样追最新的电视剧，一样在商场打折的时候去扫货，下馆子的时候也习惯AA制。我们享受着一样的电影、咖啡、便利店服务，我们一样享受着各种网购跟打车的互联网体验。

我们之间的不同是，我们没有房子没有车子，这是无数漂泊在大城市里的人最忧愁的一部分。可是，我身边也有很多同事积累几年后也买到了房子，当然也有同事依旧过着租房的生活，等到孩子长大了因为上学事宜而各种奔波。

这些人给我的体会是，任何一种生活都是不容易的。还房贷的人有压力，租房的人也不安心；打工者需要尽心尽力提升自己的职位以及薪水，当老板的需要考虑更多的方方面面。

这一刻我意识到，其实有钱没钱说起来差别虽然大，但是最关键的是，如何在自己力所能及的收入里，让自己的生活得到最好的匹配。

04

以前看到一些关于什么千万富翁生活不顺、妻离子散、吸毒犯法、离家出走甚至自杀的新闻，我心里总是翻无数个白眼，觉得这些人是不是脑袋有问题？我要是有个一百万，我都不知道要幸福到哪里去了。

我就像前面说到的那个研究生男生一样，总是用批判以及嗤之以鼻的态度去鄙视这些事情，结果发现这个思考逻辑不仅不能让自己释怀，反而会更加痛苦地纠结于自己如今还不够有钱这件事情上。

后来我意识到，有多少钱其实跟你幸福与否不是成绝对的关系，而是关乎于你想要什么样的生活，以及你的对于这种生活的可抵达方式是否切合实际。

一个普通白领口口声声喊着两年后要升官发财，收入上百万甚至是上千万，这本来就是一个不切合实际的幻想，在很大情况下都是不可能做到的。

所以，一旦你拿着这个目标鼓励自己，这种动力根本不可能维持得长久。慢慢地，自己失去了信心，对这个世界也失去了耐心。

我喜欢的状况是，一个人在自己当前可控的情况下，为自己的来年、接下来的三五年，做出一个阶梯式的规划。

比如明年的薪水争取比今年涨幅百分之十到三十的区间，比如下个月比这个月多看一本书，比如这个星期跟一个不熟悉的同事请教学习……这种可以看得见的目标，才是自己获得内心从容的正确道路。

佛家说众生皆苦，可是我却以为，明白自己此生不过是一个平凡之人，明白这世间有喜有忧，这样自己感知幸福的能力可能会更多一些。

我们要做的事情不是去实现别人看起来很幸福的事情，而是去实现能够让自己内心获得快乐的事情。

因此，当我身边出现越来越多有意思的"奇葩"之人，我都不会再追问一句"你为什么要这样"，而是告诉他"你高兴就好"。跟随自己的内心而活，不是所有的人都有这份信念的，更不用说迈出第一步的勇气了。

平凡人生的第一层可能，就是让自己接受自己没什么特别这件事情。

当然我的建议并不是说，作为平凡的人，我们就没有必要去努力了。我们一辈子也赶不上某些人，可是我觉得对于自己而言，对比父母一辈我有更多的选择，对于孩子的未来，我有能力让他拥有更多的选择。这种承上启下的人生轨迹，是我如今最大的动力来源。

而另外一种幸福体验的来源，是除了家人以外，我们可以认识更多的朋友，以及跟自己最亲密的那几个朋友一起成长一起分享，这种陪伴在很大程度上会帮你化解掉生活中的各种压力。

更重要的是，这份动力不会造成心理负担，因为并没有一个明确的衡量标准在那里。别人不会给你设定，你自己也没有必要设定。你要在乎的是明天比今天过得更好，明年比今年过得更好。当你做年终总结的时候有东西可写可说，那这就是最大的成就了。

曾经有个好友告诉我，其实我们一生的长河里，除了自身的疾病疼痛和亲人好友的离开带给你的痛苦是真实刺骨的，其他的任何人生痛苦都是源于自己的价值观。

这就是我想说的，平凡人生的第二层可能，你要在自己的生活里活出那么一些不一样，这一点跟任何人都无关。

时光是很脆弱的东西，它经不起我们的折腾与辜负，有些人生转折点过了就不能回头了。

既然明白这一点，我们不如让自己本身变得强大起来，同时变得柔软起来，以此来增加应对人生每一个失意代价的复盘资本。

当你陷入迷茫和悲观的情绪时，当你总是给自己的人生找各种借口时，你自己内心要有一个声音：我可以平凡，但是我要成为一个厉害的普通人。

发 呆 片 刻

————

欢迎来到现实世界，它糟糕得要命，但你会爱上它的。

————美剧《老友记》

这城市那么空

About: 四次质变的成长收获。

我的家乡是广西，我在武汉上大学，毕业后我到深圳工作，一直至今。

我之所以选择到深圳工作，一是之前说过的，我很怕冷，不想去北方；二是我想找一个离自己家乡不要太远的地方，东北一带的人去北京，江浙一带的人去上海，我作为一个南方人选择这里也是一样的道理吧。

至于为什么要到大城市，为什么不回老家？我根本就不需要思考，因为我没有回到老家的资本。

我的父母是事业单位的职员，而且一直都是小职员，根本没有那种人脉和资源让我可以在老家立足，这其中的原因很多人会明白。

虽然我妈每次打电话都给我洗脑，你回来考公务员吧，县里的银行又在招一批新人了，还有什么局最近又有新的岗位空缺了……

每次我都说考不上。

我妈劈头盖脸就问，你考试这么厉害，怎么会考不上？你看我们家堂弟，还有邻居家那个姐姐，他们学历比你低很多，也都回来然后上班了啊！

我不敢揭穿的是，我家远房堂弟的老婆的妈妈是市里某个银行的副行长，我的邻居姐姐的舅舅是县城人力资源部的部长。我的小学同学学护理专业出来，为了分配到县里的医院，托人送了六位数的红包，可是终究没有成功，于是干脆就嫁人当家庭主妇了。

家人的爱，他们对你的好，有时候是一种无可奈何的狭隘视角。

我就是TVB电视剧里那句经典台词"我没得选"的人，所以我从来没有想过回老家那个小县城找工作。

也有人建议说，那你可以在老家的城市里工作，那里的机会也多一点。可是对我而言，只要不是待在父母所在的那个小地方，哪怕是在市级城市，比如南宁这样的地方工作，对我而言那跟深圳是一样的，一样的国家法定节假日才能回家，只是少了两个小时的路程而已，这样有区别吗？

到深圳工作的初始，我的内心压力也是很大的，除了工作本身我也在考虑，未来的我能不能在这个城市里生活下去，涉及结婚生子，养育孩子，以及赡养父母，这些每个人都逃避不了的选项，压得我夜里喘不过气来。

那段时间我也真是抑郁啊，上班闷闷不乐，一点都不像刚大学毕业的，每天都忧心忡忡，眉头紧锁。

我的领导每次找我谈话，他永远不会批评我，他说我知道你自己就是个会思考有反省能力的人，但是我希望你要多笑一下啊，哪怕是装的也好。你去见上面的领导，你去见客户，你去跟其他部门的人打交道，你要有一张职业范儿的表情，这样对你的职场是有好处的。

我听进去了，也试着慢慢改变，但是事情并没有马上得到改观，我依旧忧心忡忡，只是不会那么愁眉苦脸了。

我也会跟自己的男朋友吵架。我跟他是大学同一届的同学，他也来自小城镇，你知道的，贫贱情侣百事哀，每个月工资一到手交了房租就没多少钱了，我们不敢下馆子，不敢去商场，看一场电影也得考虑很久，因为那一百块钱对于当时的我们而言，真的很重要。

于是我们也会有争吵，各种不顺遂的事情我都会发脾气。可是我终究不是任性的人，我开始意识到这不是我男朋友的问题，而是我们的问题，是我们的处境问题，是这份当下的窘境造成的琐碎问题，是对未来没有安全感的问题。

那个时候我还没有上升到想要什么样的人生的思考格局，我只是开始明白，我应该集中精力解决这些不确定因素，而不是游浮于这种"你是不是不爱我了"肤浅的爱情相处模式。

我跟男朋友两人就像开了挂的选手，统一战线，不仅聊情情爱爱的事情，我们也聊工作，聊赚钱，聊职场收获，聊人际关系，聊如何在有限的资源内扩大自己的交际圈，我们要的是爱情，可又不仅仅是爱情。

这些思考，让我在之前漫无目的的生活中，有了第一次质变的成长收获。

　　说来也奇怪，经历过那一次相互分析跟鼓励，我的心态也发生了很大的变化。我开始全身心投入到工作中，然后做一些看起来无用的事情，比如练习、写作和看书，比如愿意去健身跑步，比如开始花心思经营一些同事关系，参加一些讲座跟分享会，我甚至把之前丢失很久的烘焙跟熬果酱的兴趣也慢慢拾回来了。

　　当生活有了一道光，我从一开始的破罐子破摔，慢慢建立起对生活的热爱和信心，即使当时我不知道，这一道光具体是什么。

　　生活是公平的，你愿意付出，它总会给你回报。

　　工作第二年的时候，我拿了一笔可观的年终奖，那是我第一次没有那么慌张了，再也不会有那种月光的日子，也不会有每个月发工资前一个星期捉襟见肘的尴尬。

　　有一次我的同事过生日搞聚会，我也去参加了，同事的一些朋友也过来了。后来交谈中，我知道其中有一个男生是深圳本地人，他的父母在上沙村那个地方有二十多栋房子，他是个独生子。

　　住在深圳的朋友应该知道这是一个什么样的概念。那是一片热闹的城中村，一栋房子大概十多层左右，一层有四五间房子，深圳外来的打工族很多人都会在那里租房，租金一千到几千不等。

　　这个男生，就是我们常说的深圳暴发户土豪，他很低调，完全没有架子，他说自己每个月的工作就是去收房租，后来累了，就请了一个英国留学回来的硕士给他打理这一片物业。

那天夜里回家，我把这件事情告诉了我的男朋友，本来以为我们会陷入以前那种深深的自卑，以及努力一辈子也赶不上别人一丁点的自我否定中。

结果意外的是，我们谈论过后的结论是，我们见到了更多的人，更大的世界，知道山外有山，从而让自己学会谦卑，也学会要努力奋斗，这不就是大城市能够带给我们的格局视野吗？

对于自己想要的生活的思考，这是我经历的第二次质变的成长收获。

接下来我的男朋友开始跳槽，不停地跳槽，一开始我很担心他是没有耐心适应一份工作，这一点我也不建议职场新人学习。

但是他的具体情况不一样，他从一开始就知道自己是要创业的，他不是冲动型的人，所以并不只是脑子一时发热的决定。只是奈何自己是屌丝一枚，没有资金没有经验，所以他只能通过短时间内去不同的公司打工，来积攒经验跟人脉。

大家都知道，频繁的跳槽就意味着，你的收入永远都是停留在试用期工资的，这一点对于我们生活的质量而言是有影响的。但是好在有我，我的工作稳定发展，有我的支持，他的这些跳槽造成的收入下降，就当是给自己交学费了。

那个时候我们已经学会用长远的眼光去看待问题了，关于得失我们自己心里有预判，我们都没有告诉自己的家人这些具体的事情，他们还理解不了，更别说支持了，所以不说也罢。

去年的时候，我的男朋友觉得时机成熟了，可以开始创业了，但是这意味着很长一段时间里他会收入很低甚至没有，那怎么办呢？我于是开始酝酿辞职，我跳槽到了一家互联网公司，薪水也比以前多了不少，这样我就可以维持两个人的生活了。

后来的日子，是他艰难的创业过程。我们经历着精神和物质上的双重压力，我们相互扶持，相互鼓励，聊天的内容也开始从提高薪水上升到如何为自己打工。

这一次，是我经历的第三次质变的成长收获。

就在前几个月，我的男朋友告诉我，他的公司已经熬过艰难时期了，团队架构成型，一切走上正轨了，他说要谢谢这一年我的坚持，然后拍着胸脯说，如果你要休息一阵子不想上班了，我可以养你，这一次轮到我做你的后盾了。

那一刻我居然没有半点感动，因为我知道这是一个积累的结果，没有半点逆袭的夸张成就感。

也就是这个时候，我的文章开始受到关注，我开始出书，我开始写专栏，很多期刊转载我的文章，我开始有了源源不断的稿费收入，就在这个星期，我刚刚跟一家媒体公司达成长期的供稿合作。

也就是说，我终于可以用文字养活我自己了，至少在目前这个阶段不用再为生计问题而奔波，我跟我的男朋友两人都开始有了一份小小的资本，那就是打工不再是唯一养活我们的手段，对于生活，我们居然开始有了选择权。

这一次，算是我以及我的男朋友一起思考的，第四次质变的成长收获。

这一刻，距离我们毕业那一年来到深圳这个城市，刚刚过去四年零四个月。

发 呆 片 刻

天堂地狱都没法给你慰藉，
只有我们自己，渺小，孤独，奋斗，与彼此抗争。
我向自己祈祷，为自己祈祷。

——美剧《纸牌屋》

寻找一个不敢懈怠的理由

About：关于信念，关于步履不停。

收到一个女生的留言，说是春节假期结束回来上班很烦恼，很想放下一切去流浪，于是问我，趁着自己年轻，做这个决定可不可以？

我回复说，其实你并不是真的想去流浪一场，你只是不想上班，于是给自己找了一个冠冕堂皇的理由罢了。

曾几何时，我的思路也跟这个姑娘一样，觉得工作很累，生活很多烦恼，大城市压力很大，人生很痛苦。

于是，我想逃离这个浮躁的世界，我想去过一种隐世的生活。

现在回过头来，且不说没了工作如何养活自己，光是让自己陷入

"人生为何如此痛苦"这件事情的思考就很折磨人，更不用说要对自己的未来负责，对自己的家人负责一类的事情了。

不过，我不能否认，过去的我也是这般陷入迷茫中的，那个时候的自己习惯性地把生活中遇到的小事放大到整个人生的角度去想，所以才会有很多的压力和烦恼。

那么，这种难题怎么解决呢？

很简单，就是把问题具体化，把细节罗列出来，找出核心病因再去医治。

顺着这个逻辑，我反推自己工作为什么会心烦？一是因为职场积累不够，一切工作因为不够熟练，所以不被认可，于是心理上很受挫折；二是因为我所在的部门领导是个很听话的好领导，中规中矩波澜不惊，这样的风格让我适应起来很吃力。

这两个原因带给了我双重负担，我每天上班很不开心，在座位上坐立不安，而像我这种遇上核心烦恼的人，是很难用一顿美食或者一件好衣安慰自己暂时忘记忧虑的，因为我时刻都会在心里想着这件事情。

寝食难安到了比较严重的程度以后，我就知道我要行动起来了。

我一方面安慰自己要慢慢积累职场技能，多跟职场里的老同事学习，另外自己也会多花一些时间去提升自己。

另一方面关于人际关系的部分，我开始有心地盯着办公室里的机会，看看其他部门有没有空余的岗位出来，不久之后我就申请调到了另外一个部门，还遇上了一个跟我风格很相配的领导。

按照这个逻辑，后来每一次在工作中遇上令自己不舒服的部分，我都会理性地给自己进行梳理，这个法则就是"往小避大。"

具体来说，比如是薪资上的数字匹配不上自己的付出，那就想办法去提高薪水；比如说跟部门同事的关系不好，那就想办法去调节这个状态；再比如说自己的具体工作烦琐重复没有成就感，那就想办法在工作中寻找出一点乐趣来。

这些调节是你一开始要去行动的，要一步步地把问题去细化然后解决，如果到了最后无法调节的地步，那么就可以理所当然地另谋他就了。

这个时候，你已经在心里说服了自己，根本不会出现那种所谓的左右摆摇的纠结。

以上就是往小处看的部分。

至于"避大"的部分，说白了就是不要太轻易把生活中的琐碎一瞬间就上升到人生很痛苦这个概念。

作为一个成年人，最重要的部分就是要学会接受生活本身就是艰辛的，而不是去逃避它，只有这样才能保证自己遇上难题的时候，不会动不动就想着离家出走，归隐山林，甚至是离开人世。

厌世是一件很可怕的事情。

我经历过这个不好的阶段，所以现在一方面让自己学会接受这个世界不好的地方，接受人生痛苦的部分，另一方面，我也不再让自己陷入一个痛苦纠结的思考魔咒里。

对于我这样情绪比较丰富的人来说，最重要的事情就是学会简化自己的思考，说得简单点就是要学会傻一些，快乐就笑，难过就哭，渴了喝水，没钱就滚去赚钱，仅此而已。

很多前辈告诉我，傻人有傻福，以前我不明白，自己在心里也不愿意接受，可是后来成长的日子里我才越发深刻地体会到，大智若愚是一件多么难得的品格。

以前上学的时候，我发现每次到了节假日前夕，或者是一节自习课到了临近下课三五分钟的时候，班上很多同学就嚷嚷着，"下午就放假了，一会儿就下课了，我现在就不想看书了。"

用老师的话来说，人是坐在教室里的，可是心早就飞出了千里之外。

不是每个小孩都是习惯于专注的，大部分的孩子在完成一件比较耗费心力跟体力，比如学习这件事情的时候，到达了一定时间就会疲惫起来，继而心里烦躁，开始干扰自己的心绪。

也就是说，人是有惰性的，这是人性的本能。

工作以后，周围的同事也是如此，比如每个周五的下午，同事就坐不住了，商量着晚上去哪里聚餐，周末去哪里玩耍，然后我也跟着躁动起来。

我记得有一年公司年会，下午要召开公司的表彰大会，晚上就是去附近的餐厅吃饭。我那天按照惯例，去办公室安排上午要做的工作任务，顺便把因为下午年会占据时间的工作提前完成了，一切跟平常没什么差别。

一开始我觉得没什么，直到我身边走过一个打印文件的女生，她嘴里小声地哼了一句，领导们今天都不在，也不用那么卖力啦，涨工资的事情也不是这半天的表现就能给你提上去！

她半开玩笑地说完就走了，这一刻我才意识到，那天上午我很像一个怪人，周围的同事要么是茶水间休息聊天，要么是电脑前面玩着游戏，大家都很有默契地闲了下来，只有我一个人还在照常工作。

我并不是那种强调为了公司为了领导而时刻严格要求自己的人，我自己在平时的工作里也学会了劳逸结合，只是对我而言，我并不会因为下午就放假了而提前兴奋。

工作这件事情是平和的，时间到了我就下班离开，此刻坐在办公室里的我该干吗还是干吗，很少会出现那种我坐在这个格子间里，可是我的心早就不在这个地方的状态。

很早以前我就明白，既然无法离开，那不如就把眼前的事情做好。

这个逻辑上升到人生观，就是如果无法脱离当前的困局，那就不如先把能完成的事项先去做了。

可是我身边有很多人跟我有过这样的抱怨，说自己不喜欢这份工作，不想在这里上班，以及就像前面那个留言的女生告诉我的一样，恨不得有一种想死的冲动。

我以前遇上了这种情况，也会安慰一番，毕竟我也有过这样的经历，但是如今我的安慰会换一种方式，我说你除了抱怨之外，还得想一下怎么解决下一步的问题。

我的闺蜜W小姐的工作是审计，每天在深圳南山的对接项目客户的公司办公，她每天夜里12点下班，回到家里是1点，来不及洗澡已经累倒在床上，第二天早上8点照样去上班。

这样的状态从她研究生毕业入职到现在，已经持续了一年多。

我问她打算怎么办？

她回答，一是看在钱的分儿上，我还忍得过去；二是看在技能积累的分儿上，因为在这一行起码做了三年以上才能成为熟手，三年一过，我就跳槽。

她说，每次挺不下去的时候，我只需要脑袋里蹦出这两个念头，那就什么事都没有了。

我问，那我需要做些什么呢？

她说，每天听我叫苦一下就够了。

也是因为这样，我从来不担心她的工作状态，也不会担心她未来的工作规划，她是心里有谱的人，我作为一个朋友只需要随时给一些心灵上的关怀与安慰就好。

人总是需要寻找一个理由给自己做出每一个决定，但是随着自己成熟起来之后，我不再喜欢用逃避的方式去寻找理由。

比如说以前我会因为不喜欢上班，然后扩展到想要去流浪，现在的我更喜欢用正向的方式去寻找理由，比如说如果这一份工作不好，那么我要开始为自己尝试着积攒换一份工作的资本了。

寻找一个不敢懈怠的理由，这也是一件需要方法逻辑的事情。

一是我们要寻找切合实际的理由。

我们知道很多的励志故事里，王思聪都那么有钱了可还是如此努力，范冰冰那么漂亮了可还是那么上进，我们听过无数"明明可以靠脸，偏偏要靠才华吃饭"以及"世界上最恐怖的事情，就是比你优秀的人比你还努力"这样的鸡汤能量，可是听了这么多道理，我们依旧过不好自己的生活。

后来我才意识到，那些别人的故事里，有着很多无法复制的部分，有着很多时代机会、社会趋势以及运气的成分在里头。

因为无法模仿，单纯看着别人一个个比自己牛逼，这种对比不仅无法让自己努力起来，反而会产生更多的挫败感，进而导致恶性循环。

从这以后，我就学会了放下，不去跟别人比，而是跟自己比，跟过去那个不够成熟的自己对比。

这个道理我们都明白，可是实际生活中，大部分人因为都过多地把重心落在了关注"那些成功的人为什么能够成功"这件事情上，而很少专注于"成为更好的自己"，没有前者的放下，又哪来后者的精进勇猛呢？

寻找切合实际的理由，这一点的适用逻辑就是经常观察一下那些跟你同一起跑线上的人。

你的同学，你的朋友，他们如果跟你是一样的起点，一样的背景，一样的资源，但是如今的步伐超过了你，那么你就要开始反思自己，继而行动起来，要让自己不可懈怠了才是。

二是我们要寻找那些熟悉的身边榜样。

所谓熟悉的榜样，就是那些你认识的身边人，他们人生里的某一部分是你所熟悉的，你可以具象地看得到他是如何经营自己的生活，这样你的切身体会才会更深一些。

开始写文章以后，我会遇上很多跟我一样的写作者，每次我们交流的时候都会互相打趣，生病的时候打着吊瓶还在赶稿，蹲厕所的时候想热点想创意想主题，旅途奔波中也在赶稿，刚刚哭过一场擦干眼泪继续赶稿……没有经历过这些片段的，都称不上自媒体运营者。

在认识萧秋水老师以前，我早就知道作为一个自由职业者的她，几乎时时刻刻都在工作中，她的文章都是在候机候车的时候赶出来的。

每次看到她说，"虽然也想拖到第二天，可是心里会下意识地告诉自己，这样是不可以的。"我总会惭愧万分，觉得自己太懒。

我的朋友圈里有很多同时做着好几份工作的朋友，我以前也会赞叹说，我无法想象她自己开着一家公司，家里还有一个孩子，另外还有时间拿来健身、写作、看书和旅行等事情。

与其用鲁迅先生说的那个"海绵挤水"的时间理论来说服自己，我现在更加倾向于给自己一个理由，"她也可以不去做这些，只是她不愿意而已"。

我们存活于世，总是需要一个信念的，这个信念落实到具体的生活本身，就是要给自己寻找到一个细小的理由，比如说因为这一家餐厅的三杯鸡很好吃，因为这一家烘焙店的提拉米苏很好吃，于是我们选择前往。

同样的逻辑，我们会因为自己想变得更好，于是不想懈怠下来；我们会因为身边那些人很努力，于是我们不应该让自己堕落偷懒。

如今的我安慰起别人，也总是一副过来人的语气，说对于工作这件事情，其实不存在极其地恨某一家公司或者某一个同事的程度，放到漫长的人生长河里，这些不过是过客而已，不应该上升到影响自己的人生态度。

可是我也明白，每个人都是需要经历的，只有经历过，才有感同身受的理解资本，也才能从自己具象地解决难题的步骤里获得真正的成长。

那些年里我觉得自己是职场里的异类，我的兢兢业业会被别人取笑说是无用功，可是后来我才知道，越是人群躁动的氛围里，专注这件事显得更为可贵。

按照毛姆先生的悲观逻辑来说，若是你的快乐感不再那么强烈，那么你的痛苦也一样不再那么揪心。

更重要的是，我开始真正理解，说服自己的理由，别人的建议永远比不过你内在的那份衡量标准来得重要。

发 呆 片 刻

———

每个人想要改变世界，却没人想过要改变自己。

———美剧《尼基诺》

我 们 都 是 主 动 选 择 了
一 种 生 活

About: 从 来 都 是 你 自 己 ，外 面 没 有 别 人 。

01

有人留言里问我，你能不能告诉我怎么才能让生活充实起来？

我不知道怎么回答这个问题，这让我想起以前刚进大学的时候。那时我给自己规划了很多事情，参加很多社团学生会，经常给师兄师姐打杂跑腿，一天马不停蹄地出去拉赞助，但最终结果都失败了，忙碌、辛苦了一天毫无意义。但我怕闲着，看着舍友夜里很晚才回来，她们告诉我这边社团部门聚餐了，那边老乡会搞迎新活动，还有她跟刚认识的朋友去KTV回来……这一切都让我很慌张，感觉自己很没用。

后来我问过很多的同龄人，如果再给你一次机会回到大学时光，你希望怎么过？果不其然，大部分人都对曾经的自己不满意。

那些挂过科的希望自己可以好好学习，那些认真学习的书呆子希望自己做一两件放肆好玩的事，宅在宿舍的人希望自己大胆一点去追自己喜欢的人就好了，当年忙碌于做兼职的人希望自己出去旅行一下。

更有现实一点的同学说，我要是把我爸妈给的零花钱攒下来，再借一些然后入手一套房子，那我现在的压力就不至于那么大了。

我也问过自己，如果大学再一次重来，我会怎么过？可是我的脑海里终究没有一个清晰的答案，感觉自己当年没有做得很好，但是也不至于很糟糕。

那究竟怎么才能让生活充实起来？这让我想起以前那些盲目的努力，现在回忆起来，当年被自己所感动的那些瞬间，也不过是很幼稚的行为。

如果非要说自己想有什么矫正的话，我希望当年的自己不再沉浸于自己跟周围几个同学的对比当中，我希望自己可以看到班级以外、学院以外，甚至是整个大学校园外的视野。

02

　　大学时候我的同学里有个男生，我叫他Z先生吧。

　　Z先生是个很喜欢聊天的人，他很会跟学校门口的大叔大妈打交道，还有他总会知道学校周边的一些小店，每次带我们去吃饭的时候，我们总能得到比其他客人更好的招待。

　　三教九流的人，他都能打开话匣子，这是我非常羡慕他的事情。

　　Z先生大学后半段就自己创业了，一路跌跌撞撞，现在在北京也有了一家很大的公司。这让当时很多不齿他和那些小喽啰混在一起的同学吃惊不已。

　　可仔细想来，我大概也能明白Z先生如今有这么好的发展的原因。他自己脸皮够厚，放得下身段，毕业的时候其他同学拿着offer光鲜地去聚会庆祝，他说不定在某个角落里吃盒饭，因为他那个时候已经上门去推销自己的产品了。

　　用现在的话来说，他就是公司里最早的地推人员，然后这一做就是很长一段时间，那个时候还不知道自己能不能做得成，仅仅是他觉得自己好像应该这样而已。

　　同学会大概是这个世界上最让人爱恨交加的社交方式之一了，这个场合里，总有人满面春风，总有人闷闷不乐，有些人依旧保留着当年大大咧咧的模样，可是有些人早就没有了当年的那份灵气。

　　我总觉得现在怀旧电影如此盛行，就是因为我们在当下的生活状态里没得到自己喜欢的那部分，于是借着荧幕借着老歌借着舞台剧式的场景，来唤醒自己内心的那份情怀，以此来抵御下一刻就要走入现实社会残酷洪荒之流的迫不得已。

　　每年一度的同学聚会，Z先生都是最平和的那一个，我总以为是因为这些年他见多识广，心态磨练得平和了，结果他回答说，其实这就是朋友聚会中很简单的一种而已，没有必要上演那种抱头痛哭激动万分，或者久久不愿散去的离别，生活就是这样的，这一场散了还有下一场事项。

　　这个时候我总是悄悄提醒Z先生，我说你最好低调一些，总有一部分同学如今的生活比较失意，或者说还没有你混得那么好，你要给别人点面子啊！

结果Z先生一句话把我堵回来了，他说你自己就是个梳理道理的人，你难道不知道，我们今天的一切不都是自己造成的吗？

Z先生接着说，我当年自己在学校里倒卖书籍的时候，班上的同学都觉得我很势利，结果我到其他学院里把这些书都卖出去了。

后来我跟理发店合作优惠券上门去推销，被宿舍大叔发现了于是严令禁止，我给大叔买了两条烟这件事情就过去了，结果被同学当成行贿事件被举报到学院领导那里去了。

Z先生说，不是所有的死板规则都需要老老实实遵守的，我不偷不抢不违法，我想一些门道给自己锻炼挣钱的方式，我委屈求人合作帮忙，这些都是我自发愿意的。

我并不觉得作为一个大学生就要很清高，尤其这么一个重点学校里的人，连隔壁差一点学校的人都不愿意打交道，觉得那会丢了自己的面子。

我知道有些人当学霸两耳不闻窗外事，有些人风花雪月夜里压马路，也有人兢兢业业帮学院领导打杂谋求一份勤工俭学的补助，那么我也可以早出晚归跟学校以外的社会人士打交道学本领。每个人在大学里的生活方式不一样，所以也没有绝对的对错评价标准。

然而可悲的是，总有人以各种方式对我冷嘲热讽，从精神到行动上，处处为难你碾压你。虽然我没有挂科，也顺利地拿到了毕业证，但即使我真的没有拿到毕业证，那也是我自己的事情，却会引来更多的嘲笑和批判……

现在想来，他们当年的嘲讽与批判当中，其实是有一种对自己的慌张，他们习惯了稳步前进以及中规中矩，他们希望别人也应该这样，于是就形成了"我这样做就是对的"自我心理安慰。

否则一旦出现了一个跟他们节奏不太一样的人，他们害怕原来的规则被打破，自己既没有能力适应新的规则，于是只能原地叫嚣着你不可以这样……

这不就是一种连忌妒都不敢说出来的闷骚吗？

Z先生说完这一串，然后长长地抽了一口烟。

我没和其他同学一样，而是选了比较艰难的那条路，而我们的同学每一个人都有选择。就像你选择坚持找自己喜欢的工作，有人听从父母的安排进事业单位，还有人考上了公务员虽然不想去，但是因为不再想承受其他工作的竞争，于是勉强这些年就熬了下来。

所以你看，我们这一群同学聚会里，有的人得失心还是那么重，而有些人早就没了以前的那份灵气，因为生活的压力总会把人磨炼，至于你是磨练得更好还是更糟糕，那就是你自己的选择问题了。

从来就没有人拿把刀架在你的脖子上，非要你做这件事对不对？既然这样，那你就没有资格对自己的生活抱怨与不满意，你更没有资格指着我的鼻子说我凭什么混得比你好。

我默默点头。

这一刻我突然发现，Z先生变成了我当年最讨厌的那种人，清晰理智，一针见血，得理不饶人，不同情弱者，为自己的所得理直气壮。这种带着势利而又骨子里散发出骄傲的精英气质，如今却成了我佩服的一类人。

03

我想起之前看过的一篇文章，美国杜克大学的老师曾经给学生们总结出了一套观点，大概含义就是，作为真正的受教育者，终其一生应该具备的思维方式，比如说坚持，拥有感恩的心，做自己，善于学习，学会慷慨。

这套观点还包括，我们要明白受教育不代表聪明，教育会让你学会反思，要学会拥抱不确定的生活，在挑战中实现价值，学会在拒绝中找机遇，关注一个人的本身而并非是他的头衔，人生的选择没有对错，以及最后一点，别过无意识的生活。

我把这几个关键字一一记下来，然后对比自己当前生活里的具体案例，我发现所有的问题都得到了解答，这也是我觉得思考最后需要总结升华的原因所在。

以上的这些思考逻辑其实每一条拿出来我们都觉得很平常，我们知道坚持努力、善待他人是好的品质，可是我们很难让自己敢于接受不确定的生活以及挑战，就更别说我们对一个人的评价，大部分都基于他的社会价值包装了。

而要在烦琐无聊的生活中时刻保持有意识，这更不是所有人都能做到的事情，即使我们知道什么对自己是重要的，可是我们就是没有办法控制自己的想法以及行动。

有很多人对自己的工作、老板不满意，其实你有机会去改变。只不过你在写简历时感觉没得写，草草了事，或者在求职过程中挑三拣四，觉得压力大、薪水低、福利不好、地方太远，总有借口能够让你放弃改变的机会。于是你停住了，然后在这份周而复始的上班生活里，继续讨厌上司讨厌同事，顺便讨厌公司楼下的快餐，讨厌这个城市里的交通跟天气。

于是，你讨厌这个世界。

我们中的大多数人，其实都是在对比得失与利益中作出选择。既然你此刻没有选择另一条路，那就意味着你觉得改变的代价过大你无法承受，你思来想去，觉得现在是各项指标综合下来最优化的选择。

既然这样，那你为什么要在看到别人过着跟你不一样的生活的时候，你心里念着为什么别人可以而我就不行，为什么我就没有那种命，为什么这个世道这么不公平？

对于那些你远远观望的牛人，你满是羡慕与敬仰，可是当你身边有一个当年跟你一样起步的人，如今也过上了你想要而不可得的生活，为什么你就非得愤恨至极咬牙切齿呢？

我们都在计算自己的生活，我们选择一种自己觉得最划算的方式。这个世界里，没有谁对不起谁，有受害者心理之人不适合生存于这个残酷的社会。

就像世相里张伟说的，那些你自认为的无可奈何，那些你觉得当前要经历的忍受，那些你觉得无能为力的迫不得已，事实的真相是，我们都是主动选择了一种生活。

我是个普通人，对于生活中的事项选择其实也有很多不确定的担忧，但是我每次的思考逻辑就是，对待一件事情，如果你觉得它很重要，那它就很重要，比如学习、读书、社交、旅行、健身，甚至是每天做不重样的早餐这件小事。

而如果你觉得它不重要，那么其他人的评价都无法撼动你。

回到开头那个问题，此刻我可以回答了，让自己过得充实，得先是一种内在的心理意识，而后反馈到行动中引导你的生活模式，所以你要有危机感，时刻保持有意识的状态。

当然了，如果你觉得这样很累，你也可以不去想这一切，因为生活也不至于很糟糕，无意识的表现就是，你启动了默认设置，按照最基础的动物本能生存下去就好。

世上最痛苦的事，不是失败，而是我本可以。

发 呆 片 刻

我们都是身份的奴隶，囚禁在自己创造的监狱里。

——美剧《越狱》

关于爱情体质这件小事

About：爱情体质，有如磁场。你是什么样的人，就会吸引什么样的人。

01

有个姑娘问我，男女朋友在交往前期如何保持距离感，比如怎样在恋爱前了解清楚对方，好在恋爱后不会产生落差？

在回答这个问题之前我要说一下，因为每个人的恋爱体质都是不一样的，并且大分类之下还有很多的细枝部分，所以也就造就了每场恋爱关系里的差异，即"我只是我，我不是你，你也不是我"，适用于你的未必适用我，反之亦然。

我先说一下我闺蜜L小姐的故事。

她和初恋相识于大学校园的某次聚会里。初恋是外国人，不高不帅，甚至有些丑，可即使是这样，L小姐还是爱他爱到撕心裂肺。

因为两人来自不同的国家，成长背景造就的价值观都不一样，男生的生活哲学是每次在一个地方生活工作两三年，然后再辗转到下一个地方。在第三年的时候，男生的下一站目标是马来西亚。

这时候的L小姐大学还没毕业，但为了见男友硬是用勤工俭学的钱买了飞往马来西亚的机票，在那里陪伴初恋男友住了整整一个月。

这期间她和在国内没有区别，一样上街买菜下厨做饭，白天跟男友逛街游玩看展览，夜里搜索素材准备毕业论文。日子一天天过去，但两个人都不曾讨论过"未来"这个敏感的话题。

一直到L小姐要回国完成毕业事项，讨论留在哪个城市生活了，她的男友才对她说："如果你愿意接受我这样的生活方式，那我们就结婚。"

L小姐做不到，因为这不是她所期待的生活方式，她想要一个大格局稳定的生活，而不是这样颠沛流离的日子。她虽然不想离开他，却依然回到了国内，在大城市的一家小广告公司工作，为着微薄的工资每天朝九晚五去挤地铁。不过她对于去马来西亚那一个月的生活从来不后悔，只因为她在当时依旧喜欢他。

总以为经历过这一次后，她会试着去成长，比如学会成熟一些，不要一开始就赴汤蹈火，要从长远格局看这份感情值不值得投入，否则最后女生受伤的部分总是大一些。但她没有。

L小姐后来的几任男友，依旧只是跟"我喜欢他就够了"有关，有过比自己小七八岁的小男友，有过跟自己处于异地很久才能见上一面的男生，也有在社交软件上见过一次就敢大胆赴约的神秘男。

我曾经很诧异她为什么如此疯狂地不顾一切，L小姐后来对我说，"我跟你本就不是一样的人。我在每一场感情里都飞蛾扑火全力以赴，那并不代表我是个花心的人，要知道我在每一场恋爱的当下都是认真投入的。"

有时候明明知道没有后续的可能，但是一旦动了心，那么这份情绪是压抑不住的。

我终于点头。

在某种意义上我很羡慕L小姐这样的人，她经历过我不曾经历过的爱情体验，她有着比我丰富的关于恋爱的感受。

但是另一方面我也知道，我无法成为她。

这就是我所提到的，"我只是我，我不是你，你也不是我"的逻辑。

02

我的大学好友V姑娘在大学时候跟我一样是个单纯的孩子，我至少还知道自己不喜欢什么样的人，她却连这一点也没有意识到，于是在恋爱这条路上她走了很多弯路。

V姑娘有自己喜欢的男生，可是人家不领情。另外一个男生跟V姑娘表白了，于是V姑娘也就答应了。

我开口问V姑娘："你到底喜欢他哪一点？"

她想了一会说："我真不知道，可是我总觉得有个人喜欢自己是个好事吧？毕竟你看我们班上那么多女生都恋爱了，我再单身的话会很丢脸啊！"

我被这个答案噎住了，想着她这样对爱情不重视，对恋爱对象不慎重的人，是不配得到好结果的。

果然不到一个星期的时间，有天夜里V姑娘慌张地跑过来告诉我，她被甩了，原因却并不清楚，总之，V姑娘的第一次恋爱体验就这么莫名其妙地结束了。后来我们才知道，这个男生的交往原则是两周内必上床，无奈的是他遇上了V姑娘这么谨慎的人，也算是他的不走运了。

很多年以后，V姑娘依旧不愿意承认这一段是自己的初恋，"整个过程都是莫名其妙的，我连酸甜苦辣的爱情体验都没有，我还没有心痛的感觉，这一份恋爱不能算数。"

这一次过后，我以为V姑娘会吸取教训了，可是，她依旧是一个"只要有人表白就答应"的那种女生。

于是，V姑娘又经历了两段不咸不淡的恋爱，就是她说的"没什么好，可是也没什么不好"。

后来我跟她这两段感情中的其中一个男友成了朋友，有一次我问起这个男生，为什么会喜欢V姑娘？

他回复，因为寂寞。

我当时觉得很讶异，怎么可以有如此不负责任的爱情初动力，可是后来我消化过来了，他说的是对的。

V姑娘的恋爱体质就叫一触即发。

她不大在乎外部环境，只要遇上喜欢自己的男生就决定试试看，也是因为这样，她的恋爱热度来得很快，去得也很快。

她的恋爱价值观就是，好奇心一来，就会马上坠入爱河，并且觉得很不错，但是当恋爱气氛由浓转淡时，自己的态度也转变得很快。

　　我本来以为，V姑娘这么一个冲动的人，一定会在恋爱这条路上很多坎坷，很难遇到那个对的人。

　　V姑娘被第四个男生表白的时候，依旧是想也不想就答应了，不过这次，她的一个答应，竟然一直走到了现在。

　　这是至今无法让我用自己的逻辑思考梳理出来的结果，可它就是发生了。所以，关于最开始那个姑娘的问题我没办法回答，因为它不是对每个人都适用。我只能说，不要刻意在恋爱前就摸清一切，如果是为了让自己恋爱之后不产生落差或者后悔，于是在之前铺垫很多筛选条件，那么爱情的魅力也就失去了。

03

　　我和初恋男友能走到现在，表面上看起来是运气的成分居多，但其实却是我沉着冷静的恋爱体质使然。

　　我和他在一起以前就是相互认识的同学，所以没有安全与否的问题。而我是个多愁善感的人，在那个没有智能手机的年代，在那个手机屏幕小到多打几百字就要分几条短信发送的年代里，我跟我男友之间花了三个月给彼此发了七千条短信。

这个数字之所以这么具体，是因为我把每一条都抄在了自己的日记本里，而且这不仅仅是"你吃了吗？晚上去哪里散步？"一类的简单问候，而是从成长故事聊到价值观塑造。

我花了快半年的时间，等我接受了他的价值观，我才把他变成自己的男友。

现在回想起来，我不能成为L小姐那样仅仅凭着喜欢就冲动一场的爱情主义者，我也不能成为V姑娘那样一次次来得快去得也快，直到撞上对的那一个的一触即发者。

同样的，她们也不能成为我。

04

人生太多事情无法预料了，所有我听到过的爱情故事都是意料之外情理之中的，所以对我而言，那些不可思议的恋爱初始，必定有着命中注定的因素。

　　如果时间倒流，我相信L小姐也不会因为那场无疾而终的恋爱而觉得自己曾经的全力以赴就是一场浪费，V姑娘如果不是经历了前面那几段不咸不淡的恋爱，也不会邂逅后来对的那一个人。

　　时光倒转回去任何一个关口，我可以说我会更努力一些考上更好的大学，我可以说或许挑选一个自己喜欢的专业会更好，我可以再多一些尝试说不定我的职场之路会比现在更顺……可是唯独爱情这件事情，我依然愿意回到当初相遇的那个瞬间。

　　就是那个瞬间，"我"成为了后来的"我们"，我还成为了比较幸运的那个更好的自己。这得益于我一开始就知道自己是什么样的人，于是当合适的恋爱体质之人来到我面前的时候，我嗅得出它的气味。

　　恋爱是人生最美好的事情之一，恋爱更是人生的必修课，但是很多人在投入地爱过了以后，莫名其妙地被判出局，或者觉得爱情不是自己想象中的样子，这其实就是不懂得自己的恋爱体质的缘故。

　　爱情到底是什么样子我不知道，但是我知道的是，你得清楚自己是什么样的恋爱体质，然后去寻找相符合的体质，这个过程也不要因为别人跟你不一样就开始怀疑自己。

　　因为你要知道，你不是别人，别人也不是你，这才是世界美妙的地方。

我虽然是一个悲观主义者，一开始也会设想最坏的结局，但是我建议你去接受每一场看似不可思议的恋情的到来。我们充满期待，我们偶有慌张，但是它一定是因为你身上的恋爱体质而靠近你的。

你需要记住的是，每个人生下来都要面对孤独的，但是此刻如果遇上了那个和你一起游泳看风景的人，请你面对自己的内心，接受那份触到内心的柔软。

发 呆 片 刻

那时我想到也许我并未驯服 Mr. Big，也许问题在于他无法驯服我，也许有些女人注定不该被驾驭，也许她们需要自由奔驰，直到她们找到……性情相投的伴侣一起同行。

——美剧《欲望都市》

我不提倡把父母的艰难生活作为道德绑架，让自己时时刻刻沉溺在一种极度的自责心态中。因为，仅仅游浮于表面上的痛苦跟自责，是没有任何意义的。

我学会了接受苦难，但是我并不会放大苦难。

原 生 家 庭 的 爱 与 痛

你 得 先 成 为 你 自 己

About：如 何 处 理 原 生 家 庭 带 来 的 自 卑 和 压 力 ？

01

刚工作那会儿，我喜欢吃麻辣烫，经常会约上一个女生同事H小姐，这样也不致于太过孤单。

可是吃过几次之后，我就发现了一个奇怪的现象。每次我们吃着麻辣烫聊天期间，H小姐总会告诉我一句："你知道吗？我觉得我都不配吃这一顿饭。"

我问为什么。

她说："我爸妈在外地打工，一想到他们这么辛苦，我就很心酸。"

我于是安慰，他们有他们的不容易，但是我们的生活也要继续过。

　　H小姐说："可是我一难过就吃不下，这该怎么办？"

　　我第一次被这样的话噎住了。虽然我说不出来感觉，但是那顿饭吃得我很难受。

　　后来在公司吃午饭的时候，H小姐每次都唉声叹气，"你看我坐在这么舒服的办公室里吃饭，可是我爸妈一天三餐都吃得很狼狈，我觉得自己太没有用了！"

　　……

　　时间久了，我就渐渐地躲开了跟H小姐一起吃饭的机会。

　　年底的时候，公司组织去海边举办晚会，统一订的是海边的酒店，两个人一间，我跟H小姐分到了一个房间。晚上活动结束，回到酒店，我打开了空调跟电视，因为带了精油准备泡澡，于是我去卫生间的浴缸里开水。

　　这时候，H小姐问了我一句："你不觉得我们现在很奢侈吗？"

　　我想都没想就回复了一句："这是公司的福利，也是我们辛苦一年的收获，有什么奢侈的？！"

　　这番话说完，H小姐突然很严肃地跟我说："你看我们住在这么好的酒店里，这么舒服的大床，可是我一想到我爸妈在工厂里住着简陋的员工宿舍，我就觉得自己在这里玩得不安心。"

以前我觉得H小姐只是因为成长环境造成了自己的自卑心态，这一点我可以体谅。但是现在我意识到，她的思维已经不仅仅是单纯的负能量了，而是扭曲到有点自我加重痛苦的状态了。

什么叫做自我加重痛苦？就是无限制地放大痛苦本身，以至于影响到了自己的日常吃喝拉撒睡。

02

这种状态我经历过，而且持续了近十年。

我父母都是事业单位的员工，我上初中那年两人就下岗了。因为没有其他的谋生本领，加上我父母吃惯了大锅饭的思维习惯，也没有多少经商的头脑，于是只能靠熟人的引荐做一些体力活，月收入也不过几百块。

对我们家来说，一夜之间发生了翻天覆地的变化。

没有了正常的收入，家里的气氛开始变得沉重，我第一次意识到了什么叫贫贱夫妻百事哀。

我父母并不是那种格局观比较开朗的人，家里穷就是穷，他们会赤裸裸地告诉我，从来没有考虑过那个年纪的我能不能消化，价值观会不会受到影响。

也是因为这样，我开始了漫长的自卑成长期。

每一次开学的时候，我都会被告知，这一笔钱是向谁借来的，也不知道你明年还有没有机会再去读书了。

每一次我想买一件新衣服的时候，我妈就会告诉我，以前没问题，可是今日不同往日了……这段话的意思就是，我要体谅他们的不容易。

这样的小细节还有很多，所以在长时间的贫穷冲击之下，我每次上学都会有压力，考试成绩不好的时候会自责，这种自责不仅仅是因为自己的不够细心认真，而是会无限地被放大：我的父母辛辛苦苦送我上学，我怎么可以这么不争气？

后来到了大学，因为见到了更大的世界，所以格局观跟价值观也被冲击得七零八碎。每次跟同学一起出去游玩，我就会很自责，觉得家里的父母很辛苦，我应该做的事情是认真上课，剩下的时间就待在图书馆里好好复习。

那时候，我觉得自己配不上一切休闲活动：不可以参加社团，不可以学一门乐器，不可以出去聚餐，不可以去K歌……

在别人眼里这些再正常不过的大学生活，都会让我有一种负罪感。

03

回到前面那个女同事H小姐的种种行为，活脱脱的就是当年的我。我试图安慰以及帮助她，但是她自己始终无法走出来，所以后面的日子，我只能选择慢慢地疏远了她。

前段时间网上有个观点很流行，"父母尚在苟且，你却在炫耀诗和远方"。

说的是一些家境一般的学生党，看到别人游山玩水便心生羡慕，但是因为还没有经济独立，于是义正词严地向父母伸手要钱，并美其名曰："生活不只眼前的苟且，还有诗和远方。"

这个观点我是赞同的，并且延伸下来可以给出相同的参考逻辑。

比如一个要父母贷款几十万出国留学读博士的人；比如家里一贫如洗自己还要考研究生的人；或者是高考复读了很多年，非要上重点大学不可的人；还有想买个上万块钱的奢侈品的人。

这些案例里的主角，我给出的建议一般都是否定的。

家里收入很少甚至贫寒的人，在有了一定的教育文凭下，最好是先就业再谋发展；高考很多年都没有考上理想大学的人，如果有另外的调剂机会也可以接受。

我们是要追求梦想，但是你也要学会及时止损，你要明白什么事情是耗不起的。

至于那些只是为了所谓的虚荣心要买一些大牌来装气质的女生，我有时候也会为她的父母感到悲哀。

虽然我知道钱在她手里我没有资格评价她怎么用，但是我希望传达出来的价值观是，在自己收入没有多少的时候，勉为其难地追求所谓高大上的品位是没有什么必要的。

我不鼓励盲目地提前消费，以及用父母的艰辛付出与苟且作为自己虚荣生活的代价。

但是另一方面来说，我也不提倡把父母的艰难生活作为道德绑架，就像我的同事H小姐一样，时时刻刻沉溺在一种极度的自责心态中。

你可以在心里体谅家人，你可以默默积攒力量，但是具体到日常生活跟人际交往中，一味地强调贫穷跟苦难这件事情，就会像H小姐一样，成为那个在聚会上、在饭局里让我们觉得扫兴的人。

04

前阵子我收到一个女生的留言，说自己读大专，马上面临继续升本还是出去找工作的选择。女生说父母老了，觉得他们很辛苦，心疼万分，于是不想再向他们伸手要钱，所以急于出去挣钱养活自己。

"不想再伸手管父母要钱了。"这是大部分大学生以及年轻人都会考虑的一个问题。

我们都知道大部分的中国家庭里，我们的父母谋生都是比较辛苦的。无论是做生意还是有稳定的单位，只要不是大富大贵型的人家，大部分也都是过得节俭和平意的，于是等到自己长大以后，当然也能体谅到父母的不容易。

但是我想表达的是，仅仅游浮于表面上的痛苦跟自责，是没有任何意义的。

拿我自己来说，当年读书的时候，每一次拿着借来的钱去上学的时候，我在心里恨自己，并且无数次地想着，我不要再花父母的钱了，我要外出打工，我要改变家里的环境。

这种情绪积攒到大学的时候开始迸发，我一次次地怀疑读书这件事情有没有用，上大学有没有用，我带着沉重的负罪感过了四年的生活，我非常不快乐。

最极端的情况是我工作第二年的时候，我妈因为高血压脑充血昏倒，然后被送进医院。我是事后才被告知的，所以可想而知我有多自责，特别是一想到万一这次就是永别，这种感觉让我后怕。

可是痛苦归痛苦，我还是熬了过来。

我的解决方式并不是马上辞掉深圳的工作，然后回去一直守着我妈。这种孝顺是短暂的，也是痛苦的。

如果我做出这个选择，意味着我的收入会减掉很多，生活会过得更艰难，并且有可能会放弃我想要的人生。

我选择回到深圳更加努力地工作，赚更多的钱，于是有了更多的假期以及路费回家，给家里换了个大房子，帮我爸妈买了保险，现在他们有了退休金。

老人操心的事少了，身体自然也好了起来。

对我而言，这才是具有实际意义的孝顺之道。

很多人都在孝顺父母和以自己喜欢的方式过一生的逻辑里陷入两难，我一般建议不要以父母为先，而是要以后者为先。

也就是说，你得先明白自己的生活想怎么过，然后再用自己的能力去尽孝。

这些事情没有人会帮你解决，你要么迎难而上，要么一拖再拖。在尽孝跟追求自己想要的生活这两者之间，我已经做出了我能够努力的部分，我问心无愧。

经过这些之后，我以前经常纠结的状态就慢慢地调节了过来，心态也平和了。

这种平和体现在，我知道我的父母正在慢慢老去，我知道我要努力奋斗才能赶得上他们老去的速度，我知道我要挣更多的钱去改善家里的境况，这种报恩之情，我是一直放在心里的。

但是我不会时时刻刻想着这件事情，有时候我会淡化掉父母过得不容易这件事情。因为上升到人生长河的高度，众生皆苦，我的父母也不过是这受苦中的一员，这是很公平的一件事情。

这个思维角度很有用，它会让我在花钱的时候学会理性规划跟克制，让我看到其他同事各种扫货跟游玩的时候，不再让我有羡慕忌妒的心态，我会告诉自己，我的自主选择权可能要晚一点，不过没关系，我愿意等。

这个思维角度的另外一个好处，就是我开始学会了享受当下。比如说，我辛苦了一阵子之后，会享受一顿大餐，或者去买几件新衣服，我的出发点变成了这是我应该得到的东西，而不会突然跳到"我的父母还在受苦，我不能这么浪费"的扭曲逻辑上。

我学会了接受苦难，但是我并不会放大苦难。

知乎上经常探讨穷养孩子和富养孩子的话题，我一直觉得这个主题很大。

就我个人而言，我觉得将来养育自己孩子的时候，我不希望告诉他，父母挣钱很辛苦所以你要对得起我们，我更想给他传达的观念是，我们挣钱不易，所以要珍惜此刻，活在当下。

一边努力生活，一边吃好睡好认真享受人生，这样的生活才是我们平凡人的理性生活方式。

如果可以的话，我希望自己将来成为一个比较独立的母亲，我养育孩子，这是我一开始就做好的选择，我心甘情愿，不希望这一切成为孩子的负担。

我生你，我养你，我愿意。

你报答，你感恩，我感激万分。

回报父母的最好方式，是你自己过得好起来，你得先成为你
自己。

发 呆 片 刻

对我们大多数人来说，痛苦会带来不便，我们都竭尽全力
避免它，但也有少数人追求痛感，他们利用疼痛创造美丽，
美到超越这个世界，并使他们永垂不朽。

——美剧《不死法医》

你我何尝不想要体面一场

About: 那些难以启齿的灰暗地带。

01

最近有条新闻比较火，上海女生去江西农村男友家吃饭，结果落荒而逃。我不去评价这件事情本身，我只是由此想到了自己的一些事情。

我来自一个小镇，父亲早年当兵，退伍后得到了一份事业单位的工作，分到了一套很小的两室一厅的房子。除此之外，我所有的亲人都来自农村，就是那些我们在新闻里看到的，要走很远的山路才能到家，只有一个满是苍蝇的厕所，灰暗的灯泡甚至只有煤油灯，以及只能看几个台的黑白电视，甚至没有电视机这个东西。这些都是我外婆、阿姨家的具体生活景象。

这些是我要铺垫的前提，下面是我跟男友从两个人过渡到两个家庭相互认知的过程。

我跟男友是大学同学，相识于大二那一年，纯粹因为彼此喜欢才走到一起，在毕业之前也没有严肃考虑过婚嫁的问题。

直到靠近毕业那一年，我们开始意识到一份感情的维系，不仅仅是简单的相遇相知，更需要相守相伴。好在我俩都是足够理性的人，我们规划了要在南方工作、生活，剩下的事情我们去一一落实就好。

工作第二年，我们开始意识到要见彼此的家人，但是我们一开始都不敢提这件事，也希望逃避一天算一天。

道理很简单，我们两人都来自小地方，家境都不算好，虽然我们一开始就知根知底，可是真的要去彼此的家乡，心里不免有些忐忑。

一晃到了我们工作第三年，国庆假期我跟男友提出回我的家乡去看看，因为深圳离广西也不算远，他也答应了。

这件事情不是我的本意，是我父母极力要求的，他们知道我有男朋友，但是从来没见过，心里也不安心，而且也想把把关，看看自己的女儿有没有挑对人。连续几个月的电话轰炸下来，我只能答应了。

我不知道带男友回老家会不会吓坏他，也不知道他是怎么想的。我跟男友提前做了思想工作，需要从深圳坐大巴到县城，然后从县城坐车回到小镇，家里的房子很小很老，是我爸住的单位房，两室一厅的房子很拥挤，我哥已经结婚有了孩子。

也就是说从小到大，我没有自己的房间，我在客厅里打地铺度过了我所有的童年以及青春岁月，十几年自己也适应过来了。可是男友不一样，他需要在这么一个陌生而不舒适的地方住上五六天，一想到这我就头疼。

可是这一天还是来了，我忐忑地带着他一路奔波回家。家里依旧是那个狭小的空间，破旧的沙发，光线很暗，还有我妈烧了二十多年柴火、只站得下一个人的厨房。

夜里第一顿饭吃得很勉强，因为旅途劳顿没有什么胃口，但是我妈做了一大桌菜，我告诉男友，在南方人家里，白斩鸡、芋头扣肉，还有各种豆腐酿什么的，就是接待客人的最高规格，春节里也是这个标配。

所以即使男友吃不了多少，他还是很认真地吃了很多菜，这是我事后特别感激的地方。

庆幸的是，那几天我大哥大嫂都在外地工作，于是夜里有了给男友睡觉的房间，尽管我妈已经收拾得很干净了，可还是比不上我们在深圳的家。

果然第二天，男友问能不能去住酒店？我说小镇上根本就没有酒店，跟大城市不能比。

他一脸为难，然后告诉我，上厕所很不方便。

我一瞬间就明白了。

我们家就一个很小的厕所，加上厨房小，于是一家人洗脸刷牙、淘米洗菜、洗澡洗衣服什么的所有事项都是在这个狭窄的空间里完成的。

加上没有热水器，一小桶水根本没有办法洗澡，一想到接下来这几天还是要这样过，所以男友才提出了能不能住酒店。

后来我想了一个办法，家里楼下的仓库有一个搁置空闲的洗手间，于是我就安排他在那里上厕所，男友也舒缓了一口气。

这样的细节还有很多，因为厨房小，每天炒菜的时候整个屋子都是油烟味；因为房子靠近马路边，每天夜里都很嘈杂，无法入睡。

因为家里没有微波炉不方便热菜，早上要准点起床吃早饭；因为阳台很小，每天晾晒的衣服就飘在电视柜前面的窗口……

那是我人生中第一次期待这个假期快点结束，我想带男友逃离这个地方，我不知道他的耐性还有多少。

当然也有好的地方，我们家就靠在江河边上，我让邻居的哥哥带男友去划船钓鱼，去山上采野果，夜里去田地里捕田鸡……这一切对于他而言都很新鲜，所以总体来说，除了住宿不方便，其他的农村体验部分还不至于太糟糕。

我还带着男友去参观了家里附近的田地，然后告诉他我打算明年帮家里建起一栋楼房，估计就在这片地区，到时候我们回到老家住宿就没有那么不方便了。

之所以提前告知男友这件事情，无非就是希望他知道，我家的状况在慢慢改善中，给他留一个好的印象。

回到深圳后，我一边筹划给自己涨薪水，一边挣外快，并且随时做好换工作的心理准备，因为这个时候我对于赚钱的欲望要比此前更加强烈，我开始从温水煮青蛙的舒适思维里跳出来。

这是我工作的第三年，也是有史以来最艰难的一年。工作上并没有太大的成就，还在积攒力量中，精神上备受煎熬，因为不知道自己将来可以做些什么，这个城市的快节奏、高房价、高消费让我喘不过气来，于是整夜整夜地失眠。

另外，我还得不停地跟周围一众同龄女同事周旋相处，我需要用最合理的消费把自己收拾得得体舒服，同时我还得不停地找借口拒绝女生朋友们的各种邀请，比如去香港买包包的邀请。

现在回想起来，那时候内心不够强大的我还是有些虚荣心的，同事到手的薪水跟年终奖可以买最新的电子产品，可以规划欧洲或者新西兰的休假旅行，可以入手一瓶小黑瓶精华液等等，每次在电梯里过道里茶水间听到这些讨论的时候，我总是微笑着敷衍过去。

这一年的时间里，我把自己的积蓄全部拿出来给了我妈，开始督促他们着手建房子的事情。话说钱真是个好东西，钱到位了，不到半年的时间，一栋楼房就建好了。

装修的时候，我男友给了很多参考意见，比如可以砌一个烧柴火的灶台，因为这个做饭真的很香；比如屋前开辟一片小田地种植一些小菜跟葱姜蒜；再比如我妈喜欢养鸡，可以开辟一片空间，这样每天都可以收获土鸡蛋。

也就是说，那些曾经让我很想逃避的农村标签，如今都成了田园生活的时尚标配，那些我曾经发誓等以后赚钱了一定把家里的柴火全部扔掉的念想，在这一刻竟然也没有那么让我厌恶了。

家里几层楼全部装上了家用电器，现代化的装饰在我们家一一布置完毕，一切跟我在深圳居住的生活条件没有任何差异，只是家里的屋子更加敞亮舒适了。家人的心情开始变好，我的心理负担也慢慢卸掉。

这是我带男友回到我农村家乡的经过。到现在为止，我还没有去过我男友的家乡，原因很简单，他跟我当年的答案一样，家里条件比较差，不方便让我回去。

我问，这个问题怎么解决？

他说，我父母打算在老家的城里买一套商品房，装修好了我们回去也方便，至于老家村里的房子，给你参观体验一下就好，不需要你在那里住，这样可以不？

嗯，我觉得这个折中的规划是最合理的安排，于是我就同意了。

我的故事讲完了，没什么值得称赞的，只是希望可以给跟我一样从小城镇到大城市生活的情侣们一些参考。

02

从我的经历到身边人的故事，再联想到那个上海女生逃离男友家的新闻事件，我觉得有一些思考逻辑可以总结下来。

一，两个人相处，最重要的是感情足够牢固。

这个爱情至上的观点看似有些过于浪漫，可就是最重要的部分。我跟男友大学相处三年，工作后三年，到我们在一起的第六年，我们才开始引入彼此的家庭。

这些年，我们经历过爱情的甜蜜，也共同熬过生活的艰辛，早已从最初的你情我爱上升到了互相认可、交流价值观和世界观的地步。

比如我男友看到我家房子破旧，他会站在我的角度为我着想，他说我们家虽然简陋，但是我妈把家里收拾得干干净净，他也明白了，我如今的勤俭持家是受到我妈的良好影响。

再比如我在家里没有属于自己的空间，他更加佩服我在这样坑爹的环境里还能保持热情的学习劲头，知道通过努力去改变自己的命运。

他也明白了，作为一个普通人家的父母，供孩子完成学业直至经济独立，这是多么高额的付出啊！

以上这些逻辑，也被我拿来理解男友的家庭。

回到上海女生跟江西男生的感情，两个人恋爱才一年。

一年的时间可以干什么呢？从甜蜜期进入磨合期？那离价值观的一致还离得很远。

这样的感情没有牢固的基础，如同一层很薄的冰山，海平面下没有任何厚度的冰块，海浪一来就飘飞起来，遇上一丁点外力就开始散架了。

二，很多观点评论集中在了门当户对和讨伐凤凰男的事情上。

我的观点是，比起物质上的门当户对，精神上的门当户对更重要。物质上可以慢慢改善，但如果一开始精神上就是不对等的，那是非常糟糕的事情。

有个老家也是农村的姑娘给我留言，说自己的先生出身很好，也很疼爱她，但是这些年的婚姻下来，她觉得自己是被瞧不起的。比如，他先生每次去她老家，哪怕是夜里很晚了也不愿意住一夜，非要连夜开车赶回去。

如果一两次也还好，可是这些年下来一直都是这样的，尽管周围的亲戚朋友都觉得我很幸福，但实际上我的心里是不快乐的，我不曾被体谅过，也不曾被尊重过，我觉得自己仅仅是被疼爱过，这份疼爱不叫爱。

面对这样的留言，我心里想了很多，却终究不知道如何回答。

至于对凤凰男的讨伐，这个很简单，我自己是凤凰女，我男友就是凤凰男，这是我们躲不掉的出身硬伤。但是我们用这些年的时间，不能说完全，但至少很大程度上不再是凤凰男女的思维了。

我们学会不跟父母对抗，尝试着去理解他们，并且承认自己内在骨子里的非贵族气息，意识到自己的思维硬伤在哪里，然后在行动上规避掉那些不好的部分。

我很喜欢萧秋水老师的一个观点，理论上每个人都可以超越自己的出身，不过这需要进化而非只是进步。

三，我最想表达的是，给体面一些时间。

我用三年的时间帮着家人改善居住环境，我男友工作第四年才开始着手改善老家居住条件，我们不敢想象，如果我们工作第一年就去彼此的老家做客会是什么场景。

农村的生活并不光鲜，庆幸的是，我跟我的男友，以及我们双方的家人都能彼此体谅，给我们足够的时间，让我们在大城市里奋斗赚钱，养活自己，继而改善家人。

我们从小城镇到大城市，最需要的就是时间。如果别人不能理解你，但至少你身边的那个人应该理解你。

四、我们应该成为父母从农村生活过渡到城镇化生活的纽带。

这个逻辑很简单，比如我现在老家的新房子里，会安装两套灯光，我父母为了省电平时会开昏暗一点的灯，但是家里来客人就会开敞亮的灯管。

还有就是家里虽然有烧柴火的灶台，但是燃气灶也会配备，逢年过节就用柴火，平时日常生活一个煤气小锅也就够了。

这样的小细节还有很多，家里有一些家电用品，父母用不到，但是我跟他们说，放在那里可以备不时之需，家里的年轻人越来越多，小孩子也会长大，以后就会用到。

这仅仅只是物质上的，更多的还有精神上的。

我父母一直不会用电脑，后来我教他们学会跟我QQ视频；我在家里一直用电脑工作，他们觉得我是无聊玩耍，我就很认真地跟他们解释我在写稿赚钱；看电视的时候我们会一起讨论一个新闻热点，顺便告诉他们现在的年轻人都喜欢这些……

父母想靠近你的生活，但是不知道如何靠近，所以你需要告诉他们。

没有一种生活是容易的，慢慢来，给体面的生活多积攒一些力量。

发 呆 片 刻

悲伤让人想要答案，但有时真的就没有。

——美剧《纸牌屋》

一场以爱之名的绑架

About：每个人都有一段断奶期，不仅自己，父母也要提前做好心理准备。

最近接的几个咨询案例有些共通性，所以想拿出来一起梳理一下。主人公当然是匿名的，我只是想拿故事本身来做案例分析，不评判好坏。

01

第一个女生小A是个毕业于985本科以及硕博连读的准毕业生。

因为毕业论文卡住了，预判到毕业课题的难度很大，加上自己将来感兴趣的就业方向跟现在所学的专业没有多少关系，几番衡量之下，所以决定不拿博士学位直接出来就业。

其实走到拿到名校硕士学位的头衔这一步，总体上而言这也是很好的就业资本了，小A说这是她自己做出的决定，所以心里也没有什么纠结的地方。

她的难题在于，她的母亲对于她的这个决定极其反对。听到女儿这个事情的时候，整个人的情绪非常激动，继而向小A施压，觉得她不好好珍惜自己的机会，反而要半途放弃。

我建议小A把需要拿到博士学位的难处、给她造成的心理压力，以及就业的利弊分析跟母亲沟通。小A说没有办法说服母亲，"她总是嚷嚷着自己很丢面子，在舅舅跟姑姑面前丢尽了面子。"

这一句听完，我意识到这应该是原生家庭的问题。

果然小A告诉我，从小到大她就是优等生，就是别人眼中羡慕的那个"别人家的孩子"。她的母亲一直都告诉自己，要好好努力，这样才对得起家里舅舅跟姑姑这些亲人们的关照跟呵护。

高考后挑选大学专业，小A听从母亲跟一众亲戚的建议，挑选了热门的法学专业，后来大学里表现优异得到了保研资格，并且是硕博连读。

家里人当然是一片欢腾喜悦。

小A说，其实在接到硕博连读机会的那一刻，她心里想过一个问题，就是她开始意识到自己其实不是很喜欢这个专业。但是她来不及思考，家里一众亲戚一致觉得"这得是多难得的机会"，于是小A本来有些犹豫的思绪就不敢拿出来了。

一路下来，小A渐渐觉得自己在校园里的时间太长，甚至跟社会有了脱节。加上自己一向是个两耳不闻窗外事的乖乖女，到了博士最后一年的关口，她开始意识到，自己已经不会找工作了，或者是已经不敢面对走出校园这件事了。

当然这个时候的小A已经算是个成熟的女孩了，她开始自我反思，她知道自己必须往前走。她考虑到博士学位对自己没有那么重要，于是她做出决定，放弃博士学位出来就业。

本来这一次的预约咨询，小A想探讨的是关于职业方面的事情，但是我决定把这一次的梳理主题换成原生家庭的分析，以及小A如何跟母亲进行沟通。

小A说自己从小到大都没有跟母亲发生过任何冲突，甚至连很小的意见不合都没有，也是因为这样，她一向都是让家人放心的好孩子，所以身边的亲人也很喜欢自己。

我问小A："你就没有过犹豫或者试着提出自己的立场的时候？"

小A说："我从来没有这个意识，哪怕后来内心有些反抗，但是一想到意见被驳回的概率会很大，所以也就妥协了。"

于是就这样妥协了近三十年，直到现在。

"我很不明白，我自己都觉得我可以不要这个博士学位了，为什么我妈会觉得这件事情比要了她的命还严重？"

我回复说："你母亲气急败坏的不仅仅是你放弃博士学位这件事情的可惜，而是在于，这是你人生中第一次违背她的意愿，而且还是这么大一件事，这才是重点。

"因为你从小到大习惯了顺从，你惯坏了你母亲那份内在的所谓自豪感，就像主人养了一条很听话的小狗，可是有一天它不仅仅不吃饭，甚至不听从主人的命令了，你说主人会不会很生气？"

小A说："你的意思就是，这也是我的错误了？"

我回答说："这不是你的错误，你是无意识的，被动的。但是你也有不对的地方，就是你一而再再而三地把自己真实的想法放在心里，不愿意跟父母沟通，于是这个问题就一直堵在那儿，并没有因为你的妥协而消失。直到现在，遇上了这样比较大的人生选择事件，母女的冲突才会变得如此激烈。

"你想一想，如果你在当年选择大学专业的时候因为还不懂事，所以听从父母安排，可是等你到了硕博连读的阶段，即使自己并不喜欢但是因为"机会难得"的缘故，让自己再一次走上这条"被安排"的人生魔咒之路，这就是你自己一手造成的了。"

小A说："那我现在该怎么办？"

我建议说："这一次不能再妥协了，既然你已经觉醒了，那就要坚持下去。"

因为这些难度都是你自己亲手一点点积累起来的，你自己捅破的洞，自己跪着也要补上。

02

第二个女生小B是海南人，因为男友在广州工作，所以跟家里人提出想到广州生活。

广州跟海南的距离很近，交通上也没什么障碍，所以说不存在离家远家人舍不得的情况。

小B的难题在于，她的母亲死活不同意，非要小B的男友来海南工作，否则就要求两人分手。

小B是个理性的姑娘，她自己分析道，男友在广州的工作以及人脉资源都很周全，所以来海南从头再来不实际。加上小B的家庭不是在城市里，而是在一个小镇上，自己也不想留在家乡的小地方。

小B说她是一心一意决定去广州发展的，无奈的是母亲认为外面的世界太危险，女孩子不应该出去闯荡。母亲借着高血压频频施压。小B一想到父母如此操劳，自己还这么不听话，于是内心纠结以及被亲情绑架的那一面就出来了。

小B还说："我父母的意思是，让我大学毕业留在海南工作，以后找个海南人结婚，然后在这个地方生活一辈子，这样就不会出错了。"

我问了她一句："你以为按照你妈给你规划的这条路，你就一定不会出错了吗？"

小B还算清醒，"那肯定不是。"

我再问一句："你是不是从来没有反抗过你父母，哪怕是很小的事情？"

小B说："对，是这样的。"

我不是支持小B一定要离开家乡以证明自己很了不起，也不是要求她不去嫁给一个海南人就证明自己不听父母的话也能过得很好，这个问题的核心关键点在于，她从小到大习惯了依赖父母，她从来就没有在人格上独立过。

我给小B最后的回复跟我给小A的回答一样，趁此时未晚，这一刻你就要开始反抗父母了。

我在这里所描述的反抗，并不是一味地针锋相对，父母让你往东你偏要往西以证明自己的个性，我想要表达的是，没有人可以陪你走一辈子，我们应该断奶了。

这个断奶期每个人的阶段不一样，有些孩子早熟一些，可能初中或者高中就有这个意识了。我们大部分人应该是在大学期间才开始有这个意识，因为这个阶段是价值观建立和养成的成熟阶段。

当然还有更晚一些的人，于是就拖到了研究生、博士生或者是就业后，比如小A跟小B这一类人。

巧合的是，当你内心那股意识到要掌控自我人生的冲动刚刚萌芽的时候，差不过就是你走向社会的时候。

这个阶段的你开始受到社会的各种琐碎压力，有些人一害怕，干脆躲起来，重新投入父母的怀抱里。

你知道这样不好，可你还是这么做了！

但是，无论外界如何施压，父母如何苦口婆心，只有你自己知道，你是不快乐的。也许你还不知道自己想要什么，但你一定知道了自己不喜欢的生活是什么样的。

这种觉醒的意识，能够让你鼓起勇气学会拒绝，拒绝家人为你安排好的人生，继而去尝试另一种可能。

我经常接到这样的留言，"这是我人生中第一次跟我妈吵架，她特别愤怒，觉得我忤逆了她。"

我很想说一句，如果从一开始你就自己提出意见，比如想穿什么样的衣服去上学，晚上写完作业后想看一个小时电视，再到后来告诉大人我考试完了想去游玩一阵……通过这一点点地试探跟争取，来建立自己跟父母的沟通机制，那么后来的情况会不会更好一些？

03

我还接到了更多的咨询，几乎都是女生听从家里的安排结婚，然后是催生，生完孩子后各种烦恼袭来，本来两人就没有比较稳定的价值观沟通，所以在这些琐事面前，自然是矛盾重重。

"我受不了这样的生活了，但是离婚又不甘心，男方家条件不好，离婚后我基本上不可能从他那拿到钱，并且生完孩子身材大变样，作为女人我什么都没有了。"

我们虽然知道作为女性要永远给自己积攒资本，可是落实到具体的生活里，每个人的家事都有一本难念的经。

一般来说，女生离婚以后比男生的损失要大，翻盘的可能性也会更低。

不管你愿不愿意承认，在当今这个社会，虽然女性的独立意识越来越强，但女性"从头来过"这件事情的成本太大了。

因此，每次遇到哭诉生活难题的女生，我基本上只是给予基本的安慰。

我不会劝她离婚，因为她这样一个"没有经济能力，身材外貌走样，职业竞争力下降"的人，是连离婚的资本都没有的。

这就是这个世界最讽刺的部分，也是时间最残忍的地方。

每次到了这个时候，坐在电脑这一端的我，只能在指尖上敲出三五句抚慰的话，让对方得到一点儿的温暖。哪怕下一秒她要转身投入到那狗血，并且不再有翻盘可能的人生里。

滚滚尘世，众生皆苦。

而这一头的我沉浸在短暂的负能量之后，也必须打开音响让自己发呆很长一阵时间，然后大口喝水、大口呼吸一场。我甚至需要给我的闺蜜打个电话舒缓一口气，或者躲在书房里哭一场，一个人消化掉这些不好的情绪，然后再满怀希望地走入我想要的生活。

不瞒你说，我的每一天都是这么过来的。

我听别人的故事来反省自己，我在安慰别人的时候也在安抚自己。有时候我会想，如果我们一开始把生活设想得悲观一些，或许我们对那些短暂的安逸就会多一些拒绝的勇气。

如果我们一开始对人性设想得绝望一些，或许我们就可以在心里说服自己，这个世界上并不是所有的父母都是合格的父母。

他们或许曾经是你的太阳，或许是你的英雄，但他们一样有人性的弱点。

漫漫人生路，如果我们没有家人的力量给予支撑，那么至少我们也不要陷入一场以爱之名的绑架。

我妈总会问我，大城市那么苦，要不你回来过吧。

我知道这里很苦，但是我知道回去了我也不会快乐。

外面的生活也许很苦，也可能很琐碎，工作选择、爱人选择、朋友选择，甚至是早起还是夜猫子……不过转念一想，正是这些琐碎的生活本身，才是给予你温暖的部分，这一部分也只有你自己能做主。

它能够给予你的一种反馈叫做舒服，说得高级一点叫归属感。

你的人生没人替你过。

发 呆 片 刻
————

你必须诚实面对你的能力限度。

——美剧《汉尼拔》

解 开 不 幸 的 紧 箍 咒

About: 童 年 缺 爱 ， 长 大 后 如 何 自 救 ？

01

我有个朋友M姑娘，因为出生在农村，父母为了给她更好的教育，七岁那年把她送到了市里亲戚家寄养，顺便在那上学。

环境的骤变，使得M姑娘习惯性地躲在人群中不出声，尽量不出任何差错，在亲戚家吃饭的时候也是礼貌规矩，家里的零食不敢随便拿来吃，周末出去玩耍也不敢开口要任何玩具。

M姑娘说自己在那一年就开始学会察言观色了，还没有来得及享受童年里应该有的欢乐，她就像一株野草，看起来没有被遗弃，可其实她的内心已经被遗弃了。

后来，M姑娘考上了不错的大学，毕业后也有了不错的工作，一切看起来顺风顺水。

可是，M姑娘告诉我，她觉得自己很不快乐。上大学后她就离开了亲戚家，如今过年就直接回农村老家，她觉得那个家很陌生，什么都不习惯。她的父母一直责怪她是个负心人，在大城市待久了，连自己的亲生父母也不知道心疼。

这不是孝顺的问题，而是生活习惯的问题，M姑娘说："重要的是，他们一直觉得付出了那么多，把我送到亲戚家里，每个月寄生活费过来。可是如果这一切可以重来，我宁可选择留在自己家里，每天喂鸡养猪，下地种田，我觉得会比现在快乐得多。"

我说："如果你一直待在自己家里，你可能就没有机会得到那么多的见识，你也没有机会接触画画，没有机会去参加培训班，更没有机会考上这么好的艺术院校，然后成为优秀的设计师了。"

M姑娘默默点头。

如今，M姑娘跟她的父母关系依旧不好，她说自己回家的大部分时间都是在争吵，因为彼此不理解。所有的争吵最后都指向同一个问题：你们从来没有爱过我，因为你们在我七岁那一年就抛弃了我，你们打着为我好的名义，但从来没有问过这一切是不是我想要的。

02

另外一个故事，是一个姑娘给我的留言，我叫她C姑娘吧。

C姑娘说自己从高二那年起就开始紧张性头痛，脑袋就像是戴了一个紧箍咒一样，这种感觉一刻都没有离开，只要醒着就会持续，有时候入睡都很困难。

C姑娘说："引发的原因，就是我有一个神经质的妈妈，她为人处世在大家看来真的很异常。因此，我忌妒别人为什么有个通情达理的妈妈，为什么别人的妈妈能够在不富裕的情况下把孩子打扮得干干净净……我每天都在恨与抱怨中度过，有时候想起来自己会大哭一场。"

C姑娘现在读研究生，她觉得自己的情绪已经处于一个崩溃的临界点，她要抓住一切机会让自己不要走向毁灭，因为最近无数次想一死了之。

我回想了一下，M姑娘给她妈妈的标签是"奇葩"，C姑娘对自己母亲的评价是"异类"。

于是我开始明白，大部分原生家庭造成的疼与痛，不管这个过程是什么样的，结局都一样，让我们觉得自己是个不被疼爱的孩子，然后我们也不敢再去爱别人，因为我们觉得自己不值得去爱，更不配得到别人的爱。

我的朋友M姑娘至今没有谈过恋爱，每一次相亲都是点到为止，对方稍微有点举动，她就开始胡思乱想，要是男生主动一点，她就会紧张到直接拉黑。

C姑娘也说自己从小到大没有正式谈过恋爱，现在非常想有个男朋友。这种"想"已经是一种扭曲的心理，她说不想去上课，不想去看书，不想干任何事情，只求有个人来爱我。但是她又会突然问自己：爱情这件事情，对我这个脸大个子矮的普通女生，又怎么可能呢？

03

我收到很多留言，有些人喜欢倾诉成长过程中经历的不快乐的事情。这让我开始明白，童年时期塑造一个好的价值观是多么重要啊。

但不幸的是，如果你的童年没有形成良好的价值观，成年后也没有意识到自我改变，那么你的生活就会受到影响，你躲不掉的。

成长中那些不好的因素，像紧箍咒一样，时时刻刻萦绕在你的心头。而更可悲的是，这种感觉又不能跟别人说，也没有人懂你。

所以，你需要一场自救。

如何自救呢？我来说说自己的一些体会。

一，你要明白，不是所有人都掌握了做一个好父母的本领。

有些父母足够成熟，有些父母则是慢慢成长。有些父母能意识到自己的问题，并且愿意改正；而有些父母，以前就是他们父母眼中的熊孩子，他们不给这个世界捣乱就已经谢天谢地了。

他们也为不顺心的人生而抱怨，他们一样是人，一样有情绪化，当他们大半辈子过得不好的时候，自顾不暇，又怎么能关照到你呢？

明白了这一点，或许你会释怀一些。

二，解开紧箍咒的第一行动要素，你要在经济上独立。

只有经济独立，你才能逃离那个让你窒息的家，才有能力安顿好自己，开始新的生活。

所以，我很佩服那些从支离破碎的家庭走出来，依然能够养活自己、拯救自己的人。否则你只是嘴里念叨着勇气，却没有能力走出来，那你永远也无法突破这个困境。

三，来一场精神上的自我救赎。

其实这跟第一点有些类似，你没有必要放大父爱母爱的绝对力量，文学作品会歌颂它的伟大，但是具体到每一个家庭都是不一样的，我们没有必要拿这个道德头衔来绑架自己。

重要的是把自己当成一个大人，把父母当成你的孩子。从这个角度出发，你会发现自己在很多细节上开始变得柔软，在争吵中你不会那么拼命地恶语相向，就如同父母养育我们，也总是伴随着包容和忍耐。

把自己当成大人，不要像委屈的孩子一样可怜巴巴地祈求这份疼爱，更不要任性地发脾气说"早知道就不要把我生出来了"。

也许有人会问，我从来就没有得到过应该有的童年，现在就要被迫成熟起来，这份缺失的记忆该如何弥补呢？

我的做法是，去看感性的电影，看亲子类节目，在别人家的幸福故事里寻找一丝温暖。

尽管看到别人家的爸爸妈妈那么好，我自己也会难过得哭出来，但至少我已经告别那个歇斯底里、满腹牢骚的自己了，因为我知道这世间千千万万的家庭故事，每一个家庭都是独一无二不可复制的，每一种幸福都是难以衡量的。

既然你知道无法衡量，那就感激此刻拥有的，不沉湎于过去的不快乐。

夜里看张艾嘉导演的电影《念念》，我的情绪一直都是安静的，直到电影尾声，才敢放声大哭。

故事讲述的是三个年轻人三次想不到的奇遇，当他们都面对不同的困惑和瓶颈的时候，一次魔幻般的经历开始连接到儿时心中放不下的记忆，然后他们长大了。

三个人的遭遇一开始也是被动的，他们在自然成长过程中被打断、被禁止或者被放置，"我们没有选择自己的童年的余地，蛮无辜的。"就像张艾嘉在《三联生活周刊》的采访中说的，"但是小孩子长大了，就要学会和过去相处。"

很多人说《念念》是一部关于童年创伤的电影，张艾嘉自己其实就是幼年丧父，母亲也不太管她，把她丢给祖父母，所以她的整个童年和青春期都缺失了严格意义上的家庭。

今年张艾嘉已经60岁了，杨澜问她是否跟母亲达成了和解。她回答说："我当年没有抱怨，因为我的个性并没有想那么多，我接受那些事情，没有分辨过母亲的对错，我觉得我的人生态度因为我个性的关系变得比较单纯。"

解开不幸的紧箍咒的人，从来只有你自己。无论不幸的是抑郁、自卑、紧张、忌妒，甚至是性骚扰，无论这些过往来自于父母，还是别人，既然这一切变成了今天的你，而你又意识到这不是你想要的样子，那你就去改变。

我的闺蜜总告诉我，既然改变不了命运本身，那就尽可能改变其中的体验吧，你若缺爱，那就当自己的暖男，没有比人格独立更重要的事了。

这个世界很残忍，但那不是你要成为一个不善良的人的借口。

发 呆 片 刻
————

恐惧的生活根本不能算是生活。
总有一些人勇于面对他们的恐惧，但总有一些人会选择逃避。

——美剧《绝望的主妇》

与父母握手言和的
一场资本

About：就是这些没有大起大落的痕迹里，我竟然也就真的变了个模样。

之前供稿的杂志要策划一期父亲节专题，于是希望我回答一下关于我对自己父亲的印象。这个话题我很重视，于是没有马上回复，希望过几天再给出答案。

几天之后我给了这么一个回答：

"我父亲是一个很温柔的人，或者说应该是很温和。因为出生在一个小地方，但是因为我父亲的庇护，不会存在重男轻女的问题。

"其中很重要的一部分是，他从小到大一直都鼓励我要出去看，要出去走，要出去感受外面的世界，所以从小到大我一直都是对未知的世界充满向往的，至少不会有畏惧感。

"我跟他的相处模式应该是属于那一种朋友式的，即使做不到亲密无间、无话不聊，但是至少他之于我而言是一个慈父。所以生活中有什么大的问题我都愿意跟他分享，我觉得对于一个女生而言，这是我最强大力量的来源。"

这段话发给杂志编辑后，我夜里翻看日记的时候翻到了大学毕业那一年，突然发现那一年我对父亲的评价是极其埋怨，甚至有些恨意的。

我的父亲在他年轻的时候，在家里的小镇上也算得上是一个春风得意的小官员，但也是因为性格原因。他太要面子，太大男子主义，时时刻刻都在照顾他的那帮兄弟。

亲兄弟也罢，那些酒肉朋友也罢，总之我小时候的记忆里，家里每天都是客来客往，很是热闹，都是来向我父亲借钱的。

虽说是借钱，其实也都是有借无还的，因为我父亲的"好名声"在外：从不难为兄弟，一向以他人为先。

于是这么十几年下来，家道中落了，家里从此以后再也没有多少陌生人登门了，而我终于也从衣食无忧的小公主变成了那个满腹心事自卑重重的少女。

我从父亲身上学到的很重要的一点，就是我认同了"性格决定命运"这个道理，思维定式会决定行为。

我也从他身上看到，在人一生的长河里，自己在某个时刻做出的选择会决定今后一生的轨迹。

我总是会从这个我敬重的男人身上反思很多东西，这种反思随着我慢慢长大，觉得他在我心中的分量越来越少。

直到走进社会的时候，艰难重重，这种负担让我开始埋怨起这个男人：如果当年他的格局视野稍微开阔一点，那么我如今的人生道路会不会少一些辛苦？

这种埋怨，一开始想，就停不下来。

即使你觉得他依旧是那个你曾经最敬重的人，但是现实的每一次重击反弹到你无力抵抗的时候，你就会把压力转移到这个埋怨的情绪里。

这种埋怨，伴随着时间推移，从一开始的从无到有，到现在有了一种从有到减少的趋势了。

联想到前一刻我还是一个成熟的女儿，在一种包容的尊敬当中对我的父亲报之以一份感恩，可是这一刻我的回忆里却又陷入了刚步入社会时对他的讨伐。

当我怀疑自己是不是又陷入了一种矛盾的分裂中，理性的那一面提醒了我，我所表达的一切都没有错。

也就是说，不管是五年前刚踏入社会各种艰难扑面而来的那个我，还是此刻即使偶有情绪起伏但是内心开始平和下来的我，这两个的我都有且只有一个父亲。

那究竟是什么变了呢？是时间吗？

不仅仅是时间，时间只是一个载体，真正的改变，来自于我内心的改变。

以前，我不知道为什么过来人总是告诉我"等你长大就明白了"，或者会说"总有一天你就理解了"，有太多的迷茫跟纠结沉浸在我本就躁动而不安的心里。

那些已经成为过来人的他们，却又不愿意告诉我一个可以具体安抚我自己的答案。

很荒凉的这三五年，我就这么一晃过来了。

直到这阵子我休息下来，我才真正意识到，所谓的跟自己的亲人和解，所谓的跟童年的过往和解，跟年少的那个自己和解，这一切力量的来源并不仅仅是"时间会证明一切"，而是在于你要寻得一份可以握手言和的资本。

这个逻辑很简单，我跟所有出身平凡的小孩一样，大学里修炼武功下山闯江湖的时候，每个时刻都是磨难接踵而来，生活几乎不给你喘息的机会。

曾经我很恨这种感觉，真有一种自己就是那个古希腊神话中的西西弗斯的感觉。我每天都费尽全力把那块石头推到山顶，然后回家休息，但到了晚上石头又会自动滚下来，于是第二天我又要把那块石头往山上推。

一种周而复始、没有尽头的折磨。
一切看似还有明天，可是貌似已然没有明天。

但是时间这个玩意还是足够神奇伟大的，也是这折腾的三五年时光里，我慢慢开始从月光族变成了非月光族，我在这个城市里几经搬家甚至跟几个房地产中介成了朋友，我知道维修家电、家里马桶坏了可以打哪个电话。

我在几份工作里积攒了好些个值得赴约一场的朋友，我变成了那个可以不用那么在意同事甚至是大老板眼光的人。

我知道了哪个牌子的衣服在价钱和风格上最适合我，我知道哪个地方寻觅到的美食可以让自己觉得没有白去一趟。

我给我父母安置了大房子，安置好了退休的一切事宜，我教他们学会了怎么跟我微信视频，我不再跟他们辩解未来我人生走向的事宜，我只需要告诉他们我是打算这么走的就可以。

就是这些没有大起大落的痕迹里，我竟然也就真的变了个模样。

说不上很厉害的成就，但是我自己心里明白，即使我依旧游走于这个早高峰公交车堵死你、地铁挤死你的城市里，我终于没有那么害怕了。

虽然我依旧不愿意承认，当年在我的日记里，我的确是埋怨过我的父亲的，那些字里行间写满了负能量语句的那个人也是我。

只是我现在得到了可以为自己的人生做主的资本，从物质到精神，于是我选择了去跟我的父亲握手言和，仅此而已。

同样的道理，那些我们过去的敌人，那些我们过往的爱人，如今都可以放下了。跟他们无关，而是自己有了新的进步，有了新的生活，于是才有了可以跟过去和解的资本。

　　有很多人会问我，自己陷在烦乱无章的困局里，父母离异，家境贫寒，受人欺负，跟丈夫或者妻子冷战，离婚后过得凄凄惨惨……这些描述后，他们都会问我：我也想跟过往那些人那些事握手言和，可是太难了，你告诉我该怎么办？

　　我是个心软的人，我并不忍心戳穿：你现在要做的就是先走出这个毫无头绪的生活，该念书该找工作该挣钱该分家，一句话，该干吗就干吗去。

　　就像郭德纲相声里经常开玩笑的那一句，"这都还没到煽情的阶段，你怎么突然就跨到感动自个儿那一步了呢？"

　　当然了我还是个俗人，我知道随着时间的推移，随着我自己的人生积累越多，我会更加体会父母的不易，过去的不易，我甚至会从放下埋怨到和解的阶段，再上升到感恩回馈的更高一层。

　　我很清醒地明白，我需要让自己成为强者，我才能跟那些我想和解的一切，来一场握手言和。

但是这份和解是需要资本的，你不能要求一个依旧沉陷在暗无天日的生活里的人也能有如此深远一层的理解。

并不是他不愿意，而是他没有心力。

更重要的是，这份握手言和的背后承载着你走过万水千山后历练出来的清醒，而不仅仅只是你对于自己不肯付出所造就糟糕生活的一场无能为力的哀叹。

后者不配握手言和，它只能称作是妥协。

发 呆 片 刻

金鱼待在小鱼缸里永远不会变大。
若有更多空间，它们将会数倍大成长。

——电影《大鱼》

转移负面情绪也是一种能力。如同村上春树先生所说，你要做一个不动声色的大人了，不准情绪化，不准偷偷想念，不准回头看，去过自己另外的生活。

○

PART 3

负 能 量 它 是 个 小 恶 魔

抑郁：假装医生

About：你无法战胜抑郁，你只能接受它。

01

大三那年，我们学校集体去医院做体检，医生给我拍片后，单独把我留了下来。

那是我人生中第一次得除了感冒发烧以外的病症，我觉得很不可思议。我说我虽然经常跑去小吃摊，但是我身边的同学都一样，为什么偏偏是我？我觉得难以接受。

医生说，这不光是饮食卫生的问题，也关乎精神部分的影响，你问问你自己有多久没有好好休息过了？

我顿时怔住了，思索了片刻，说快两年了。也就是说，进入大学后，我就开始持续失眠了。

医生再问了一句，你是不是经常哭？

我说对啊，心情不好就要发泄出来不是吗？

医生低着头，一边写诊断书，一边说你这可不是像别人那种普通的发泄，你都哭出身体毛病来了，心里的不舒服无法排遣，所以你的哭泣只是一种形式，对于发泄排毒没有任何作用。

后来的话，我基本上就听不进去了，脑袋嗡嗡地响着，眼前一片空白。

接下来的一年，我是这么度过的。

早上7点起床吃一次药，然后记录一次体温。到10点的时候再吃第二次药，这个时候会很想吐，因为药效所以整个人都很难受，十几颗大片的药丸卡在嗓子眼里，所以需要喝很多水才能吞下去，然后肚子开始胀气，药味从鼻孔中冒出来。

我不喜欢吃肉，但是医生叮嘱每天必须要吃上一顿的量，当时也是穷学生，食堂的饭菜吃不下，只能去普通的馆子里打包回来。

我吃得很难受，味同嚼蜡，像吃纸皮一样，要把所有的肉吞下去。每当我感觉到自己要吐出来的时候，马上喝一口水，然后使劲把肉压下去。

恶心极了。

晚上6点吃一次药，夜里12点，还要爬起来再吃一次药。那段时间我宿舍的女生因为实习或者考研，都出去租房子住了，于是整个房间里就剩我一个人。

非周末的时间，宿舍夜里11点就熄灯，我每次在夜里12点闹钟响起来的时候，打开手电筒，爬起床，坐到书桌旁边，倒水，吃药，然后发呆。

宿舍楼外那些去酒吧聚会，从学校湖边恋爱的同学刚回来，欢笑声此起彼伏，我第一次在黑暗中看着镜子中的自己，脸色苍白，面目狰狞。

这个人真的不是我，至少不是记忆里的那个自己。

我每周去验一次血，每个月去拍一次片。医生看完我的验血报告，会帮我换掉其中的几种药，但是他从来都不告诉我病情有没有好转，他只是叮嘱我要吃好睡好，不要想太多。

不要想太多？呵呵，他把我当成一个怪物一样看待，我怎么能不多想？

现在回过头来想想，要是当时能有个医生抚慰我哪怕一句半句，我也相当于抓住救命稻草了。

02

我开始去了解关于抑郁症的知识，劝自己接受眼前的事情，不要再逃避。

我知道自己的性格是天生内向，所以难免容易心情低落，比一般人敏感，接着就是自卑抑郁，整个过程是串起来的。

接下来的症状，就是悲观厌世，有自杀企图或行为；有明显的焦虑和运动性激越；严重者还会出现幻觉、妄想等精神病性症状。

看到这一段的时候，我在心里跟自己说，我还没有走到自寻短见的阶段，我只是停留在初始阶段，我比很多患者幸福多了！

这一刻，是我第一次用阿Q精神安慰自己，而且很神奇的是，竟然起作用了。

接下来的日子，我开始写病患日记。

我从那一年的日子倒退回去，开始梳理我心理上的病魔。我没有描述自己有多不舒服，我记录的是当下那一刻的心境。

　　时间回到大一那一年。我刚从一个小地方来到大城市，视野大开，第一次强烈感受到了生活的不公平。

　　比如说，这是一个看脸的时代，有些人天生条件好，而我却不漂亮；

　　比如说，有些人从小到大顶着学霸光环，琴棋书画样样精通，我可能穷尽一生都比不过他们；

　　比如说，我拼了全力争取来的一个媒体实习机会，其他同学的父母打个招呼就可以了。

　　……

　　那个时候的自己，思维格局太狭隘，只看到了他们光鲜亮丽的一面，但没弄清楚，这只是少部分人的人生，不值得借鉴。

　　我更加不懂得告诉自己，每个人的快乐都是从自己身上寻找的，他们只是看起来很幸福。

　　这种病叫做忌妒，忌妒之深，变成抱怨，抱怨无用，转化成自卑，这就是失眠的开启点。

我继续写病患日记。时间回到高中那三年，我也是从小地方考上市中心的学校。那些物质条件很好的同学，他们每天上下课都在讨论周末去玩耍，想办法逃避老师的作业，然后撒娇让父母买很多很贵的衣服和鞋子。

其实，他们并没有刻意炫耀，因为这就是他们生活中的常态，只是因为我不曾拥有，所以我觉得很委屈。

好在那个时候，我可以通过学习上的努力，换来些许自信。加上考试的压力，我会麻木地给自己洗脑，今晚要早睡，明天要模拟考，记得多吃鸡蛋，忍着不要生病。

或许是意志力太强大，我竟然就这么平安无事地熬过了这三年。

我继续回忆。我想起小学的时候，我妈经常跟别的家长说："孩子根本不用教导，你看我女儿，每天回家就看电视，我从来不阻拦她，可是她在学校就是好学生的范本……"

现在回想起来，我觉得自己就是幸运，我父母除了负责我的衣食住行，从来没有跟我谈过心，他们从来不问我在学校认识了什么人，最近学习怎么样，好像他们很有信心我一定能正常长大似的。

万一我身边出现了一个坏人的引导，无论是坏同学还是坏老师，那结局也是有点可怕的。

　　那个时候的我，已经是一个藏满心事的小孩了，但是因为年纪小，我自己也没有意识到，我习惯了一个人消化所有的苦乐哀愁。

　　是的，就连快乐的部分，我也找不到一个可以分享的人。每次我拿了第一名回家，还没等邻居夸奖我，我妈就跟他们说："她不聪明，很笨的，她只是比别人多用功罢了。"

　　从此以后，我再也没有为自己的考试成绩骄傲过，因为我觉得那就是一种任务，你必须完成的部分，而不是一种荣誉。

　　很多年以后，我了解到，这种病态叫做原生型自卑：不被肯定，不被认同，压抑自己天性中需要被人鼓励的部分。这也是处于原生家庭阴影中的人，最可能遇到的一种情况。

　　病患日记差不多到了尾声，此时距离我第一天吃药，已经过去整整一年了。

　　我把自己能够回忆起来的，那些往事中不美好的画面，一点点写出来。夜里我的心都在颤抖，那些关于恨、贫穷、痛苦、迷茫、羞涩、自我怀疑跟自我否定，这些很耻辱的字眼全都出现在了那本日记里。

这一年的时间里，我经常在校园的湖边发呆，写完日记就过去走走，平静的湖面可以安抚我的内心。回忆往事耗费了很多精力，我反而没有那么多时间想消极的事情了。

夜里入睡的时候，我也渐渐有了一点深度睡眠，偶尔还能梦到小时候，那个天真无邪的自己。

大四那年，我去医院验血体检，然后到医生那儿准备拿药，医生说了一句，"你不需要吃药了。"

"为什么？"

"没有病了还吃什么药啊？"

……

我跑到湖边，然后开始抽泣，眼泪大颗大颗地掉下来。

我告诉自己，你终于可以解脱了，终于可以跟这个该死的抑郁症说拜拜了。

那天夜里我回到宿舍，打开病患日记，写了最后一句话：谢谢你，救了你自己。

经过这件事后，我才敢说出尼采的那句名言：任何杀不死你的，都会使你更强大。

也是经过这件事后，我走入职场，难免遇上不顺心的事，我发现自己不再抱怨，我觉得这些挫折都是必经之路，况且跟那个阴暗的一年比起来连皮毛都算不上。

遇上别人夸奖的时候，我也不会再脸红，我会谢谢别人，然后自己悄悄去买一份小礼物奖励自己，或者是一顿大餐，或者是一件衣服，然后告诉自己，这是你应得的。

我父母没有给过我的爱，我自己全部找回来了。当然我也不会精神扭曲地觉得自己前面二十年失去的，是谁也补偿不了的。我告诉自己，这个世界上比自己可怜的人多了去了，他们没有错，可是他们也一样有各种原生家庭问题，以及没有形成正确三观的问题。

相比他们，我自己算是走出来了，我见到这个世界的光亮，这是我的幸运所在。

黎明前的那段黑夜最是痛苦，可是当你看到太阳升起来的时候，你会觉得，所有的夜路都是值得的。

我要感谢那一年的日日夜夜，它让我在最深的绝望里，遇见最美丽的风景。

发 呆 片 刻

我们能活多少年并不重要。
我们的生命无非是由无数的瞬间组成的。
我们永远无法知道，它会发生在何时何处。
但这些瞬间会伴我们一生，在灵魂印上永远的标记。

——美剧《不死法医》

绝望：哪有一场彻头彻尾的绝望？

About: 平凡的日子里活出些许亮色。

　　昨天有个朋友告诉我，他们公司的前台女生被开除了，我问为什么？

　　朋友说，这个前台女生五个月前来到公司，至今还没有转正，上周吵到人力经理办公室要求转正加工资，结果就被劝离职了。

　　我很讶异，五个月还没转正这也有点夸张了吧？

　　朋友一一跟我道来。

　　女生刚进公司第一个月，有七八天都是迟到的，公司九点半上班，前台同事一般提前十分钟来开门。但是女生好几次都是领导都来开会了她还没到办公室，问她什么原因，她说自己租的房子在郊区，每天到公司得换三趟地铁，加上每天夜里回家晚，睡得晚，早上根本起不来。

有同事建议女生可以搬到离公司近一点的地方，毕竟被领导发现了好几次迟到，影响不好。可是女生的回答是，我没有那么多钱租市中心的房子，家里送我上大学不容易，我不能再跟家里要钱了。

到了上班的第三个月，女生那段时间的工作状态很不好，打印文件的时候经常出现问题，整理表格的时候也经常出错。有一天她去给一个客户送资料，结果把另外一个客户的材料拿了过去，搞得那次合作差点黄掉。

领导找女生谈话，女生说最近刚跟男朋友分手了，心情不好，不想吃饭，晚上也睡不着，精神不好所以工作起来难免粗枝大叶，希望领导能够体谅她。

这样的情况持续了一段时间，女生还是这种状况，于是周围的同事也开始对她有意见。有一天，公司订餐的时候缺了一份饭，有同事到前台问她怎么回事，她就直接回答一句："我爸妈昨天吵架要离婚，我自己已经够烦的了，你不就少了一盒饭嘛，下去自己买上来不就好了吗？"

在这五个月的试用期里，女生从一开始为自己做错的每件事都拿自己心情不好当挡箭牌，到了最后理所当然觉得她自己是个苦命的孩子，需要身边的同事关怀她而不是老挑她的毛病，于是到了最后也就没有同事愿意跟她说话了。

经常迟到，三番五次犯低级错误，足以让一个还在试用期的人得到差评，就更不用说转正了。

那天早上，她闹到人事经理的办公室，说起自己一连串的遭遇，还委屈地说得不到别人的体谅。

人事经理告诉她："我们支付薪水雇用你的劳动能力，这是一个公平的买卖，虽然我知道职场也是一个讲情的地方，但更是一个讲理的地方，你的那些不如意跟难处，这个办公室里的同事或多或少都有，但是从来没有人像你一样把这些当作工作做不好的借口。

"你的工作并不需要太多的专业技能，但你却频繁出错。你不能要求我为你的生活挫折买单，同样我也不会因为你的这些难处就要体谅你，我给你评定转正的依据是你的工作态度以及能力，所以你不适合这份工作。"

女生听完很着急，赶紧解释说："我的霉运已经积攒到一定程度了，我觉得我的好运就快要来了，我保证以后会认真工作的！"

结果人事经理回答了一句："如果可以的话，我们宁可选一个心态平常一点的同事，不需要情绪大起大落的人，况且工作是一件很普通的事情，没必要宣誓或者是做出任何的保证。"

于是，女生从人事经理办公室出来后，默默地收拾自己的东西，然后悄无声息地离开了。

我之所以说起这个例子，是因为前天夜里我看到朋友圈有人分享了一句话：愿你早日攒够失望，继而彻底绝望，然后开始新的生活。

我一开始觉得这句话抚慰人心，但是转念一想又觉得这个逻辑是错误的。

我有个女生朋友跟我抱怨，"要是我现在能被我喜欢的那个男生拒绝就好了，这样我就可以化悲痛为力量，然后减肥健身让自己变得漂亮，我还会读书旅行认识新的朋友，那样我就可以变成更好的自己了。"

我说："这些事情你现在就可以做呀？为什么非要那么作，要等到被鄙视被拒绝了才开始着手呢？"

女生朋友说："我现在没有这个动力啊！我必须得被人狠狠地骂上一顿，我才能醒悟，才会想着要为自己争一口气，然后让那些今天对我爱答不理的人明天高攀不起！"

……

我们听过很多经历过一场刻骨铭心的爱情故事而又分开的人，又或者是明星八卦里总会谈起那些离婚之后的女明星，她们不仅没有落魄，反而把自己收拾得干净利落，又迎来了新的生活。

这样的故事被放大成"谁没爱过几个人渣"或者是"感谢那个渡你的人"一类的励志故事，树立典型，鼓舞人心，千千万万少女熟女剩女纷纷拿这样的榜样鼓励自己，发誓也要像她们一样成为更好的姑娘。

殊不知，这个观点的悖论在于，如果你连个男朋友都没有，哪来的惊心动魄，哪来的灰姑娘变身白富美？又或者是有了另一半的人儿，放着好好的日子不过，非要各种折腾换来一场分手，然后发誓自己要比对方过得更好，这样就可以牛气哄哄地说一句："多谢你当年的不娶之恩！"

在我收到的留言里，很多人说生活太平淡乏味了，我一般回复，那你应该去创造去发现身边的一些美好；有人跟我倾诉，自己遇上了很多挫折，无论是感情上还是学业上，我一般回复，你得慢慢来，一切都会好起来。有时候我忘了说，我所有的安慰前提是，你得行动起来，而不是一味地渲染这种悲痛。

那些我们心心念念的好日子好结局，并不会因为你承受的苦难够多了，于是就自动来到你身边。

很多时候，我们觉得"因为A所以B"的逻辑是不对的，那个刚入职的前台女生，并不会因为自己遭遇了这么多不好的事情，就应该得到转正升职加薪。我那个女生朋友，并不会因为自己被喜欢的人拒绝了，就一定会付诸行动让自己变得更好。更何况，刻意去寻找生活中的绝望，然后祈祷让自己"置之死地而后生"的做法，本身就不值得提倡。

那些我们意淫的"因为所以"的回报。很多时候是个伪命题。

我们总是想着来一场彻底的绝望，然后让自己奋起直追，脱胎换骨。可是要知道，对于我们大部分普通人而言，生活都是平凡而正常的，我们工作休息，我们谈情说爱，我们出游交际，我们每个人有着不同的烦恼，我们在每一个阶段的难题也不一样。但是放大到整个人生的高度，这都是再普通不过的事情。

昨天有个姑娘给我留言，说你的文字真的可以鼓舞人心，因为你不光写成功，也写平庸，还提醒我们有可能一辈子都无法实现梦想，但依然可以过好自己的一生。

其实我也喜欢看那些惊心动魄的励志故事，但我开始明白，作为大千世界的一个平庸之辈，我可能怎么努力也依旧是一个普通人，细细想来，这才是大部分人真实的生存状态。

如果说作为一个普通人我希望自己能有什么不一样，那就应该是不断地探寻自己内在的思考和对这个世界的理解格局，然后尽量找到合适并且自己喜欢的方式过一生。

我们不能每天碌碌无为，然后坐等一场灾难的降临，彻底颠覆自己的人生。你要知道灾难来临之际，有人能够改变自己的命运，但更多的人就这样一蹶不振了。

哪有所谓彻头彻尾的绝望可言，不过就是在普通的日子里活出些许亮色，在每一天的点滴积累中防患于未然。那些奢望着用一场绝望换取破茧成蝶的人，还不如今天就种下一颗种子，每天灌溉呵护直到开出鲜花，那样才能迎来一场清风自来的怡然。

发 呆 片 刻

我表现得不喜欢任何事物，是因为我从来没有得到过我想要的。

——美剧《破产姐妹》

悲伤：悲伤的另一种
解读方式

About：总会过去，总有云开雾散。

01

周末看了一档创业真人秀节目，来了一个做影视器材的创业者。

他说自己来自一个小山村，家里一直很穷。他在北京做过群众演员，也干过很多杂活，后来向朋友借钱开始创业，如今有了一家年收入几千万的公司，在北京买了房买了车，终于摆脱了过去那种拮据不堪的生活。

个人简介的VCR里，这个创业者提起一个细节，说自己有一次离家去外地上学的时候，邻居跟他说了一句："你知道吗？你家里为了省钱送你上学，你父母跟你妹妹已经两个星期没有吃过一顿肉了。"

这句话一说完，创业者的眼泪马上流了下来，就连我这么容易被感动的人，都觉得这个情绪节奏太突然了。

创业者上场之后，开始介绍自己的项目跟产品。如我所料，他从头到尾讲述的观点，就是围绕那一句"我发誓要让我的家人过上好的生活"。

也许放到别的真人秀里，这是一个很合适的题材。可是，这是一档很严肃的创业投资节目，录制现场是一个封闭的房间，嘉宾就是五个投资人，除此之外没有任何观众。

五个投资人都是大腕级的人物，他们有趣好玩，但他们严肃而认真。他们的大脑里在飞速运转着，眼前这个项目的可操作性有多强，市场可以做到多大，自己的投资占比是多少，可不可以再压一下价格……

喜欢就追加投资，不喜欢就直接out，这是他们最常态的两种表达，完全不可能因为被感动，所以勉强给别人一个机会。

所以可想而知，这个因为小时候经历过贫苦生活，骨子里有了太多烙印的创业者，在这一场的产品展示环节并不能引起太多的共鸣，就更别说认可了。

尤其尴尬的是，他把自己在前面VCR里说过的，那个家里人没肉吃的细节又拿出来说了一遍，然后讲到最后直接崩溃大哭……

这个场面有多尴尬呢？隔着荧幕正在专注看节目的我，那一刻都想着立马起身扫一下地或者吃个水果来缓和一下这个很错位的气氛。

创业者站在中间不停哭泣，五个投资人面无表情地坐在椅子上，没有说半句话。

最后的结果是，这个创业者没有拿到钱。

虽然说，五个投资人给出的答案是对他的项目本身不感兴趣，但是这短短二十分钟的视频里，一个大男人从情绪激动到崩溃大哭，再到渐渐抽泣，最后平静下来，一共用了十五分钟，这个状态也势必会影响投资人对于他的考量。

融资失败后，创业者走出录影棚，因为需要对着镜头说上几句旁白用来收尾，于是他继续着那个自己穷苦的话题，说自己的父母受累一辈子，如今自己成功了，但是父亲已经不在了。

他还强调，一想到过去受过的苦，以及无法报答我的父亲，我就控制不住自己的情绪。

看到这里，我对这个人的最后一点耐心也耗光了。

02

我最近喜欢看岳云鹏的相声。

熟悉他的人都知道这也是一个苦命的孩子，从小家里穷，为了讨生活到北京干了很多遭罪的工作。

后来在饭店打工的时候，碰见了去吃饭的郭德纲，岳云鹏随后开始了他的相声演艺生涯。

2013年岳云鹏在德国演出，听到父亲去世的消息，他没能在第一时间赶回家中，而是强忍着悲痛继续登台演出。

这件事情立刻受到了各方舆论的攻击，支持跟谴责的声音频频把他推上新闻头条。

这其中的价值观我不去探讨，"戏比天大"还是"父母比天大"，这是一个太过于宏观的主题，放到每个人身上都不一样。

我记得的是到了2015年的时候，岳云鹏登上了那一年的春晚舞台。后来他告诉记者，演完节目后，他独自在外面悄悄地大哭了一场。

哭不是为别的，只是父亲没有看到自己这个河南农村出生的"草根"演员，是如何一步一步走上春晚舞台的。

再到这一季的《欢乐喜剧人》，岳云鹏再次提到父亲去世的事情，说起当时自己在外界压力下也熬过去了。

他还说自己如今选择的报答方式是多赚钱补贴几个姐姐，因为父亲当年在家的时候是几个姐姐费心照顾，所以如今也要感激她们的付出。

每次说起这些让人流泪的故事，岳云鹏总是习惯性地说起段子，"你知道吗，我十四岁那年我妈才给我买了第一条内裤……"台下的观众哄堂大笑。

从前奏到出场表演再到谢幕，这一切是搞笑与煽情并存，但是一点也不矫情，这是我十分佩服的地方，也是我喜欢岳云鹏的原因所在。

03

记得《康熙来了》有一期节目，邀请了歌手杨宗纬。小S负责点歌，她希望杨宗纬唱《祝你幸福》，结果小S泪洒摄影棚。

她说了一句，"这是我爸爸的手机铃声。"

原来每次小S打电话给徐爸，都会听到这一首歌，后来徐爸过世，小S只要听到这首歌就特别有感触，因此听杨宗纬唱时，她忍不住痛哭。

可是毕竟是小S，哭成泪人的她对于该吃的豆腐仍旧不会放过。

从调戏杨宗纬变得好看，再到抚摸他的脸庞，调侃他打了玻尿酸，最后袭击了杨宗纬的胸肌。

还有一次，大S产后出书上康熙做宣传，节目里播放了她跟老公汪小菲在海边婚礼的录像。小S沉默了好一阵没说话，蔡康永问她怎么了？

她说："我在录像里看到我爸了，可是现在他已经不在了。"

就在我等着看蔡康永怎么接话的时候，小S突然转移话题到了自己心动想生第四胎，顺着忍不住开玩笑一句，"可是我跟我老公已经很久没有亲吻了耶！"

她释放自己的悲伤，但是也没有把悲伤停滞在原地，而是很快就满血复活，无理取闹开起黄腔来。

这绝对是小S才干得出来的事情，想必这也是为什么这么多人爱她的原因吧。

04

去年年底的时候，和菜头的父亲去世，他写了一篇关于父亲的文章。

整个文章下来都是平静地描写父亲的过往故事以及跟父亲相处的点滴。关于不喜欢自己父亲的部分，他也是平和地娓娓道来。

和菜头说，父亲去世后的七天里他都没有掉过一滴眼泪。

他的一个女生朋友告诉他，她也曾经有过相同的经历。她对于父亲过世没有任何情绪流露，一直到了很久之后，她在北京城里开着车，突然有那么一瞬间，在某个街角，悲伤重重袭来。于是她一脚刹车，一个人在车里失声痛哭。

和菜头说，他在等着那个街角。

这份克制的讲述与表达，在那天夜里每一个字句都看得我泪流满面。

05

我之前说过，去年是我很难捱的一年，一边工作一边码字，更重要的是接连失去了好几个重要的亲人，于是我频繁地返回老家处理这些事情。

我一开始也不相信，一直在否认这个事实。我不去参加葬礼，不去听家人的哭泣唠叨，我甚至很愤怒：其实事情可以不至于这么糟糕的。

这份悲伤我花了一年多化解，一方面是通过工作、日常生活转移自己的情绪，另一方面是我主动去接受这个事实。

上周末，我把一个表哥邀请到家里吃饭，他的妈妈去年去世了。

在他到来之前，我的心里各种忐忑，万般情绪。我不知道自己该说什么，也不知道自己可以说些什么。

可是等他来了后，我们照常吃饭，聊聊工作，就像以前一样。

仿佛什么都没有变，可是我们知道回不去了。

临走时，表哥用家乡话跟我说了一句，放心，我会好好过的。

这句话如同是给我一个交代，让我放下心里的纠结；也如同是他给自己一个交代，世事艰难，我们还要继续过好自己的生活。

表哥一走，我就回到书房，开了音响切换到轻音乐，点上精油熏香，我还把客厅里刚开的百合拿了进来，然后打开日记，想写点什么，但不知道怎么开始。

我的情绪开始低落，继而胸口发慌，然后慢慢抽泣，最后是号啕大哭。我是个有洁癖的人，于是我干脆一股脑哭个够，直到眼泪鼻涕分不清，冬天的深夜，我哭到满身是汗。

平静下来后，我去洗了个澡，想着明天的稿子还没完成，于是我又坐到书桌前，开始了平和的工作状态，就如同之前的那二十分钟什么都没有发生过。

如果是以前，我会觉得自己很冷血，可是如今，我可以说服自己的事情是，我找到处理悲伤的方式了。

每一次感受悲伤袭来的时候，我能够做到的事情，一是平静忍耐，二是找一个转移点，比如我明天的工作，要去见什么人，今天的菜还没有买……得找到一个出口，让生活有光亮，让自己有期待。

转移悲伤也是一种能力。如同村上春树先生所说，你要做一个不动声色的大人了，不准情绪化，不准偷偷想念，不准回头看，去过自己另外的生活。

他还说，活着就意味着必须要做点什么，请好好努力。

发 呆 片 刻
————————

当你失去一个人，每一支蜡烛，每一段祷告都不能改变这个事实，你仅有的只有忍受那个你在意的人曾在你心中居住的地方变成一个洞。

——美剧《吸血鬼日记》

恐惧：成长就是一场
又一场的闯关模式

About: 接受恐惧，继而克服恐惧。

01

小学三年级的时候，班上的数学老师是个女老师，她的脾气很暴躁，我之所以对她印象这么深刻，是因为后来再也没有见过这么情绪化的老师。

她每次走进教室，脸都是阴沉沉的，我们都不敢说话，也不敢乱动。

她很喜欢强调我们的成绩不好让她很没有面子，进而放大到一些琐碎的人身攻击，比如说"小明你的脑子是不是猪脑子，小丽你是吃饱了撑得打嗝把自己上周刚学的公式都吐出来了吗……"这样一类的。

我有一次在家里无意间跟我父母说起了这个女老师,我妈没怎么放在心上,倒是我爸注意了,他问了我一些事情,然后突然问了我一句,你害怕这个数学老师吗?

我有些讶异,是有些害怕。我又补充说,可是这种害怕不是见到电视里的坏人那种害怕,而是每次这个老师走进课堂,我就很不开心(那个时候我还不知道"压抑"这个词)。

我爸问,那你有想过怎么去克服这种害怕吗?

我茫然地摇了摇头。

几天后我放学回到家,发现家里多了一块黑板。

我爸跟我说,以后你每天放学回来第一件事情不需要先写作业,你自己一个人在这块黑板上讲课,假装你是你们的数学老师,她怎么讲课怎么发脾气,你一一学下来。

于是我就照做了。话说我当年也真是有表演欲的孩子啊,每天放学回到家里,马上在阳台上摆上几个小凳子,假装这些都是我的学生。

我拿着粉笔在黑板上写今天数学老师教的功课,假模假样地发脾气："你为什么这道题都不会写？还有那谁谁谁，你连题目还没看清楚就开始抄别人的答案，你眼睛瞎了啊！"

每当我模仿数学老师骂人的时候，居然学得很像，而且每次"骂完学生"我都觉得很爽。我觉得自己并不是真的讨厌这个学生，而是因为他这一次的行为太笨了。

一段时间之后，更神奇的事情发生了，我的数学成绩有了巨大的进步，我从被老师嫌弃的学生变成了被宠爱的学生。

对于小孩子来说，如果受到了老师的赏识，那么他会更希望自己变好，于是良性循环的状态就出来了。

后来，我爸工作调动，我们全家搬到了另外一个地方，我也要就转学了。

收拾行李时，我爸问我，现在还害怕那个数学老师吗？

我说不害怕了。

我爸问，是因为你转学了可以离开的原因吗？

我说不是，我发现老师生气是因为我们班上的同学学习成绩不好，但后来我学习成绩提高了，她就对我好起来了。于是我在心里觉得，她发脾气肯定不是针对我，我就没那么紧张了。

我又补充说，当自己扮演老师的角色，我讲课虽然是对着一堆小凳子，如果它们的功课不好的话，我一定也会心烦的，所以我好像有点同情这个老师了呢。

这时候我爸告诉我，当我说起这个数学老师的状况，他一开始也很担心，但是因为家里没有条件，暂时没有办法帮我换班或者转学，所以他才给我买了一块小黑板，让我自己扮演老师的角色，让我自己去体会。

我爸说，你后来的数学成绩上去了，是因为你把精力集中于课堂知识本身，而不是停留在数学老师发脾气的那些情绪里。也就是说，当你感到害怕的时候，不要放大它，把自己的精力转移到另外一件事情上。当你的注意力分散后，你就没那么紧张了，对不对？

我点点头。

我爸继续说，你现在有点同情那个数学老师了，是因为你通过模仿她的角色，体会到了她不容易的地方。当你面对一个让你害怕的人的时候，你可以试着站在他的立场去考虑一下，他为什么会这么做。

比如你的数学老师因为你们成绩太差，这样会让她很没面子。没有面子会影响别人对她的尊敬，会影响她评职称，影响她的收入，然后影响她的生活水平……这些事情一连串下来，你会发现她即使生气，但不是针对你们学生本身，而是害怕她自己的生活过得不好，对不对？

这一次，我茫然地点了点头。

虽然我不明白我爸说的道理是什么意思，但他至少帮我梳理了恐惧的根源。

很多年以后，我回忆起那个午后我爸跟我讲的这一番话，我才意识到，这应该是我人生中第一次建立了一套克服恐惧的思路。

生活中避免不了难题，有难题就容易产生恐惧心理。

既然恐惧无法逃避，那就想办法解决。通过转换角色站在对方的立场，转移注意力，继而理解他这么做的出发点，这样可以减轻过度的恐惧感。

这是我成长里的第一个难题，接受恐惧，继而克服恐惧。

02

留言里很多高中生向我求救，说自己看书没有动力，因为不知道未来的出路在哪里，希望我能给他们一些有效的激励。

什么叫有效的激励呢？

我想起了人生中第二场较大的恐惧，就是高考。这一刻，我很想回到当年告诉那个压力重重的自己，这个时候的你不需要思考未来的出路在哪里，你现在没有资本思考未来，你要做的事情是活在当下。

我以前一直有个比较错误的概念，总觉得如果再给我一次考试的机会，如果再给我做这道题的机会，我一定会做得更好。但我们心里都知道，从来没有一场考试，是等你完全准备好了才开始的。

每一件事情都是一个倒计时的沙漏，你要做的就是在沙子漏完之前，集中现在所拥有的时间、资源、智力以及机遇，去搞定它。

我们不知道，什么程度才叫"完全准备好了"，所以这个时候要学会取舍。你要明白自己擅长什么学科，然后尽可能地发扬长处，对于自己不擅长的学科，保证底线就行了。

这个时候，最重要的不是跟别人对比，而是跟自己对比，这一场考试里各个学科发挥有没有维稳持平。

对于我这样不是学霸型的人来说，我逻辑是，你千万不能奢望每一门功课都做到最好，你必须承认自己不是天才。

高考也好，人生所有的机会也好，超常发挥成为黑马的机遇太小。所以，我们要做好力所能及的部分，这样才是理性的努力方式。

这是我成长里的第二个难题，接受自己不是天才，但是学会趁热打铁，尽己所能。

03

我人生里第三场较大的恐惧，就是找工作面试的慌张，以及刚入职场的时候对于职场老师的过度畏惧。

我不知道大家有没有这样的感觉，刚毕业找工作的时候，觉得那些来招聘的HR工作人员，一个个都好厉害的样子，我们的生死大权都掌握在他们手里，他们的一颦一笑，任何细微表情都能让你内心翻腾起惊涛骇浪。

开始工作的时候更是如此，你根本不知道身边的同事此刻对你揣测些什么，你根本不知道领导对你的方案满不满意。这种猜不透的情绪散发在办公室的上空，像雾霾一样压得你喘不过气来。

好在我还记得我爸当年交给我的那个法则：转移注意力，转换角色。

所以，当年我面试受挫的时候，我心里的那一句话不是"我是不是真的这么差劲"，而是"或许他们的选择太多了，现在的我吸引力还不够"。

我刚进职场那几年用如履薄冰来形容真是不为过，小心翼翼到要重犯抑郁症。但是，我每次到极端状态的时候，选择先让自己哭一场，把压力释放出来，而不是过于批判同事的冷漠、领导的冷漠和社会的冷漠。

我心里总有一个声音，这些冷漠一定是有原因的，总有一天，我要把这份冷漠转变成温和，就像当年那个数学老师在我成绩变好以后开始赏识我。

这是我成长里的第三个难题，小学徒刚下山闯江湖，手艺不够耐力补，情商不够那就多摔跤。

重要的是自己要明白，走夜路的时间总会过去，黎明之前的这段时间里，自己一定要挺过去。

04

以前，我总是笑话那些比自己年纪大的人，总觉得他们太过于平和，没有激情。

后来我才明白，当你体会过生活的千姿百态之后，你终于成了一个有耐心、温柔、善良、内心坚定有力量的人，你的状态也一定是温柔平和的。

这种温和不是死气沉沉，而是你成了一个可以把控自我情绪的人，你不轻易地表达自己的喜怒哀乐，但是你在内心里依旧保持那份对生活感动之处的体验。

只是，你觉得没必要告知天下，而是悄悄地、认真地去体验一场，这份感受叫作发自内心的喜悦。

我以前也曾经问过自己，读书有什么用？知识有什么用？人生体验又有什么用？到头来每个人总是尘归尘、土归土。

如今我可以告诉自己的是，知识也好、体验也罢，这些不一定能让我们马上富裕起来，但是它必定会让我们成为内心丰富的人。

有个前辈跟我说，人真正快乐的部分都是很短暂的，考到好成绩的那一刻，论文写完的那一刻，收到第一份薪水的那一秒，旅行路上遇见风景的那一瞬间，哪怕是你结婚的那一刻，宝宝出生那一瞬间的哇哇大哭……这些快乐很短暂，因为它需要太多的前奏和积蓄，而且快乐过后又是另一串的辛苦。

"但正是这一切，才成了我们一步步成长起来的动力，这份动力的来源，叫作甜蜜的负担。"

这一番话过后，我纠缠在心里的很多迷惑都打开了。成长就是一关又一关的闯关游戏，我们每走过一关就会获得一个关键词，这些关键词就是我们的能量棒，我们的战斗武器，我们的补血跟疗伤药剂……它来得不容易，可它就是我们人生的意义所在！

我是个很怀旧的人，所以我选择用文字记录往事里的那些故事，更重要的是故事背后的逻辑，因为是那些逻辑组成了一个个有血有肉有情绪的你和我。

每段回忆都有一个专属名词，那些我们以为走不过去的关口，那些让我们有些畏惧的小恶魔，不仅没有打倒我们，反而成了我们后来更加怀念的旧时光。

这几天在听高晓松写的歌《生活不止眼前的苟且》，比起"生活不止眼前的苟且，还有诗和远方的田野"，我更喜欢前奏部分。

"妈妈坐在门前，哼着花儿与少年。虽已时隔多年，记得她泪水涟涟。那些幽暗的时光，那些坚持与慌张。"

多谢那些幽暗的时光，多谢那些过来人的提醒与叮嘱，多谢那些坚持与慌张，让我们可以一路闯关过来。

为自己举杯，为往事干杯。

发 呆 片 刻

一个人害怕的时候还能勇敢吗？
一个人唯有在害怕的时候才能够勇敢。

——美剧《权力的游戏》

愤怒：泄愤容易，隐忍克制才显得珍贵

About：你才是情绪的主人。

01

有个女生留言，希望我写一篇表达愤怒的文章。

她说自己一直是忍气吞声的人，遇见无奈的事情越多，就越会有一种无力的感觉。有时候甚至有一种被剥削的感觉，却又无力反抗。

作为一个普通人，我跟大家一样，经历着生活里各种琐事带来的生气甚至是愤怒。

早上上班交通拥堵，办公室里无休止的会议还有复杂的人际关系，中午吃饭人群拥挤，夜里睡觉隔壁在装修……讨生活太难了，这是我愤怒的原因。

假日出行人山人海，去风景区只能看人，满地的垃圾，不好吃还很贵的餐厅，宰客的小商小贩……花钱买罪受，这是我愤怒的原因。

再举一个例子。因为从小就在外地上学，所以每次回老家都有一些陌生感，并且随着长大这种感觉越发明显。

也是因为这样，每次回去都觉得是对自己价值观上的巨大冲击：依旧落后的城市条件，依旧保守的工作观、婚嫁观、家庭观……

还有需要通过打点关系才能完成的事情，会让很多跟我一样家族没有势力的孩子心生无奈，进而延伸到对这个世界不公平的愤怒。

自己的三观一次次受到重击，这是我愤怒的原因。

我试过用"我跟他们不一样"来说服自己，但是后来我意识到，愤怒这件事情我们无法避免。

02

既然无法避免，那就得想个办法让自己不再那么愤怒。

我来说说我的逻辑。

回到前面我所描述的状况，你有没有发现，大部分的愤怒都来自于"人太多"的原因？因为人多，资源分配不足，势必造成一系列的短缺。

比如说我们工作日上下班的出行，在北上广深甚至一些二线城市里，交通拥堵是必然的事情。

也许是因为有关部门不作为或者规划方向有问题，但我们需要明白的是，经济的发展就意味着就业机会很多，所以你才会来到这个城市。

你我都一样，不过是"先为生存，再为一份梦想"，所以从大方向来思考，我们可以理解这一点。

但是落实到具体的事情上，比如公交地铁的拥挤，马路上的车辆成群，身体上的疲惫、难受，女生说不定还会被骚扰。遇上这些事，心里还是想骂这个世界一顿。

我的解决方法是，要么早起一点出门，下班时候晚一点离开，这样可以躲开高峰期；要么找一份可以弹性时间上班的工作，还有就是多花点钱住得离公司近一些。

再高级一点，就是争取让自己的工作不需要固定坐在办公室里，获得相对一点的自由，比如高层管理者。

只要躲开了拥挤的人群，也就赢得了更多的休息时间，人的精神也会好起来，心情也会好起来，那自然就不会愤怒了。

这是第一招，躲开高峰人群环境。

下面是第二步，就是精神上的规避，也可以称作是三观建设。

在这个多元化的世界里，你会发现很多令人无语的事情频繁出现，网络上那些层出不穷的负面新闻，社会的阴暗面，各种赤裸裸的真相扑面而来。

每天新闻里微博上都有小孩被拐卖、大学生跳楼自杀、家庭暴力、医患冲突、腐败贪赃、交通事故，以及自然灾害造成的惨重伤亡……沉浸在这些信息里的我们，每个人的反应虽然不一样，但是对人性的质疑、哀叹继而上升到愤怒的情绪都会被引出来。

身边还有一些具体的事例。那些需要酒场应酬，喝到吐血才能签下订单的谈判我经历过；那些用美貌跟身体换取薪水和职场步步高升的女生就在我的身边；那些因为动了感情主动成为小三的人中也有我的朋友；为了保证自己公务员的名额给考官送了几十万，最后依旧没有获得资格的那个人也是我的朋友。

我从大学就开始思考一个问题：为什么世界是这样子的？

等我进入社会，我一面自认清高，一面讨伐社会的戾气。那个时候我一直觉得，世界是非黑即白的，是对错分明的，这个世界就应该是公平的。

可是经历过无数的挫折、无奈、纠结、痛苦、愤怒、崩溃以及绝望之后，我明白了，或许是我自己太较劲了。

有一次，我参加一个关于新闻写作的培训，当时探讨的主题是中国的教育制度，主要讨论的是高考要不要取消。

我的观点是目前来说不太可能取消，因为中国各个地区的教育水平不一，分配资源也不一样，就目前而言，找不到更好的替代方法，高考相对而言是一个公平的考试。

我这番话刚说完，在场就有个男生站起来，气势汹汹地反驳我，说我是个懦弱无能的人。

他说高考就是泯灭人性的产物，中国的教育制度如果不进行大改革的话，这样下去中国的孩子迟早会完蛋。

他还说，促进高考改革就是我们的义务所在，如果我们不呐喊不出声，每个人都像你（他指向我）这么中庸保守，那么还有什么创新可能呢？

他的气场很足，我差点被他的观点绕进去，进而延伸到高考的种种弊端，再对比国外的素质教育，我觉得自己有了一种说错话的愧疚感。

那个时候的自己价值观不够坚定，容易被别人影响，所以面对外界冲击的时候，我突然发现自己没了主意。

这是一件很可怕的事情，我内在的想法丢失了，但是外在的观点说服不了我。

我成了一个价值观空缺的人，这种空缺延伸到生活里，我变成了一个摇摆不定、容易纠结以及懦弱害怕的人。

后来的故事是，这个男生最后也没有成为记者，工作之余我偶尔去看他的QQ空间，全是抱怨愤恨交杂，动不动就是这个国家要完蛋了。他所有的不得志，都写在了这些怒气冲天里。

我也没有成为一名记者，但是当年这个男生讨伐我的"中庸之道"，反而成了我在这个复杂的世界里，清醒地生活的最大信仰所在。因为我知道，任何事物都是具有两面性的，不要轻易被其中一面勾引起你的怒火。

与其批判性地看待问题，不如辩证性地看待问题。

03

思维格局的改变，不一定立即带来物质上的收获跟体验，但是它可以让你规避掉一些愤恨情绪的来源。

比如，远离那些戾气很重的人，去靠近那些心态阳光的人。

我是一个悲观主义者，很容易陷入低落的情绪，我不能再因为外界的因素而让悲观加重，我需要外在的正能量。

这种正能量并不是盲目的鸡血，而是清醒理性地告知我，我还有时间，我还有健康，我还有家人，我还年轻，我还有很多的愿望没有实现等等，这是非常具象、有用的安抚方式。

我一直很看重自我价值观的建立，甚至是一种信仰的建立。这个东西说起来很虚，却是我们能够更好地生活的指引法则跟力量源泉。

我说几条我自己秉承的价值观。

一，相信真善美。

这是最基本的原则，也是我之所以今天还愿意成为善良之人的原因所在。

这个世界有很多灰色地带，但是依旧会有人愿意真心待你，还有美好的生活向你走来。

这一切的前提是，你自己首先是一个真诚善良以及相信美好的人。

你是谁，你便遇见谁。

二，不伤害别人，但是也别轻易被人伤害。

前者要有自己的底线，后者要学会自我保护。你要明白，阴暗面存在和你要去做阴暗的事情是两回事。

我们需要让自己从外到内都强大起来，同时为人处世的时候学会积攒经验，不怕吃亏，但是吃亏之后要吸取教训，慢慢学会聪明地成长。

我们虽然无法拯救世界拯救社会，但至少要做到自己不是这个社会的败类，这也是让自己减少愤怒的逻辑所在。

三，编织一个属于自己的精神静地。

即使这个世界满目疮痍，但你依然可以有属于自己的江湖世界。

至于如何保留自己的"乌托邦"，有人选择跑步健身，有人选择登山攀岩，也有人选择定期旅行，出去走走。

我的安排是留给自己一个单独的书房，一个宽敞够我发挥的厨房，一个人看电影吃饭以及旅行的定期梳理，还有现在的码字体验。

小S说自己每天忙碌之后都喜欢喝上一杯红酒，微醺的感觉可以让自己放松下来。

《傲骨贤妻》里的Alicia夜里脱下高跟鞋，就让自己在客厅发呆，听着音乐看落地窗外的灯火辉煌。有时候会哭泣一小会儿，因为她真的很累，然后又开始投入纷繁错乱的老婆、儿媳、妈妈、律师合伙人、检察官竞选人、别人的女性朋友……这些身份里。

04

回到最初那个女生的提问，我们在捍卫自己权利的前提下可以表达愤怒，但是不能被愤怒所绑架。

我们可以通过情绪转移、找人倾诉、自我梳理等方式驾驭愤怒，而不是愤怒之后为自己的无所作为而懊恼。

"我们不是语言大师，但是教育、教养和智商、情商都会教给我们如何用更好、更善意的语言去表达自己。"

"即使在脏话漫天引爆点击率的网络时代，保持优雅的谈吐，或仅仅是坚持好好说话，都是值得尊敬，也不会让自己后悔的事情。"

这是时尚媒体人曾焱冰表达的观点。

网络上也好，真实生活中也罢，存活于世一场，我们不仅需要学习跟别人过得去，更要学习跟自己过得去。这不是一种逃避或者自我催眠，而是一种更高级的同理心表达。

吴淡如说，没有永远的痛，除非你天天提醒自己记得它。

最后说一句：泄愤容易，所以隐忍克制才显得更为珍贵。

发 呆 片 刻

你要学会发现这世上的美好事物，因为如果你看不到，你要怎么生活？

——美剧《冰血暴》

慌张：那些慌张的瞬间

About：生活里的小确幸。

01

大二那一年11月份的一个下午，我到武汉长江传媒大厦参加一个记者团的发布会。我坐538路公交车过去，在车上手机被偷了！

那一刻我抬起头，环顾一整车的人，所有人都若无其事地坐着，没有人知道我的遭遇，没有人关心我此刻的心情。

我大脑一片空白，过了一会儿，我才想起来问旁边的男生借了手机，然后给自己的手机号码发短信：亲爱的陌生人，你好！我知道是你拿了我的手机，我知道这个手机卖不了多少钱，但是对我而言很重要，因为我的手机里有很多重要的号码；如果可以的话，我希望你能把手机号码导出来给我，拜托了，祝好人一生平安。

几分钟后，没有收到回复，我把电话拨了过去，果然，关机了。

很多年后想起自己发的那一段话，真是幼稚之极。说不定在我编辑短信的时候，小偷早就把SIM卡扔了，而我还在祈祷着天降奇迹，能够遇上一个好人愿意把手机归还，真是讽刺至极。

公交车上的我如坐针毡，度日如年。公交车好不容易到了传媒大厦，我赶紧冲上21楼的会议室，看到了一些熟悉的面孔，他们看我气喘吁吁的样子，安慰我发布会还没有开始呢！

我深吸一口气，缓缓说了一句，我的手机刚刚在车上被偷了。

我期待着大家能有一瞬间的静止，然后是一副吃惊的样子，接下来纷纷过来安慰我。然而并没有，大家依旧各自聊天。

过了一会儿，有个小师妹说，师姐你丢了手机啊，那你是怎么过来的呢？额，我丢了手机，也是坐公交车过来的啊……

接下来就没有说话了，这时人群里出现一阵骚乱，是报社的领导过来了，发布会要开始了。

后来的几个小时里，我根本不记得发布会的情况了。结束后，一些人凑上来跟我聊天，慢慢地，我也忘记了丢手机这件事。

晚上回到学校，室友问我今天去哪里了，我说去学校外面开会去了。

突然我想起来手机丢了，于是说了一句，能不能借我一点钱？

舍友问我，咋了？我说手机被偷了。

啊！舍友瞪着大眼睛望着我，可是我怎么感觉你没有一点伤心的样子呢？

我本来以为，这一刻自己终于找到了一个发泄口，我可以哭一下了，结果并没有。我说了一句，没了就没了，我也没办法的。

后来我借钱买了手机，然后接下来的时间，跑了很多活动，写了很多新闻稿，才把室友的钱还上。

大三那年，我一个人去逛街，然后发现钱包不见了。

其实说不上是钱包，就是一个装了很多奶茶店跟打印店名片的卡包，然后放了一些零用钱。

跟一年前丢手机一样，先是脑袋空白，然后一片慌张，我拿出手机，看着电话簿，挑了一个老乡好友的号码打了过去。

我说我的钱包刚刚被偷了。

老乡问，那要不要用钱给你？

我说不用，我只是想告诉你而已。

这一刻我开始抽泣了，可是汽车鸣笛声太大，电话那一头的老乡根本听不出。

老乡说，那你回来，我陪你吃晚饭吧。

挂断电话那一刻，我的眼泪掉下来。

想到此刻自己孤苦伶仃一人，看着远处的高楼大厦，路上拥挤的人群，我第一次意识到这个城市带给我的荒凉感。

钱倒是没丢多少，但我就是不开心，很压抑，全身笼罩着一种孤独的悲伤。

02

转眼到了毕业，我们开始找工作。有一次深圳的报社来武汉招人，笔试过后，安排在一家大酒店面试。我们几个同学一同前往，到酒店门口我才意识到，文件夹落在了公交车上！

我飞一般地冲回公交车站，公交车早就不见了。

我左右为难，一边是面试要开始了，另一边是我的资料不在手上。

然后我跟其他同学交代，让他们先进去面试，有情况电话联系。我坐上刚才的那一路公交车，坐到终点站。

从终点站下来，走了十多分钟的路程，到了车站总部办公室。几个大叔在抽烟聊天，我小心翼翼地问了一句，请问你们有人捡到一个文件夹吗？

有个大叔站起来，去隔壁房间拿了一个文件袋出来，我一眼就看到了，那就是我装面试简历跟新闻稿作品的文件夹！

一切来得太顺利，我惊喜到有些慌张，不知道该说些什么，嘴里一直念叨着感谢。

有个大叔给了我一个号码，你打一下这个电话吧！

我说这个是什么？

他说这是公交车管理局的客服电话。

于是我带着文件夹离开了。

我走到长江边上，心情慢慢放松了下来。

我拿出手机，拨了那个号码，电话里一个甜美的声音传来：请问您有什么需要帮助的吗？

我说没有，是一个司机让我打这个电话的。

客服小姐问，这是为什么呢？

我说，我的资料刚刚丢在了×××路公交车上，然后我在管理处找到了。

客服小姐说，你的意思是，你想要感谢一下是吧？

我听出了电话那边的一丝温柔笑意，顿时觉得有点尴尬。然后我说对，我就是高兴，真的很高兴。

03

在深圳工作的这几年，我丢过一部手机和一个iPad，收到过三次假钞，全都是在我加班很累的时候打车回家的路上，加上这几次丢失东西都发生在同一段时间，所以我觉得自己的生活糟糕透了。

只是这几次的丢失，比起以前大学的那几次丢失事件，我不再那么恐慌了。

我把这件事情告诉了一个朋友。

她说，那是因为你现在的收入，经得起这点损失了，要知道以前在大学的时候，一部手机就相当于我们两个月的生活费。

听完这番话，我有些想通了。

可是那段时间，我依旧不开心，工作上也出现了一些问题。

同事跟我说，小令你知不知道，这世上很多人都是欺软怕硬的，你最近的状态不好，所有的焦虑都写在了脸上，一个恍恍惚惚的人，坏人不打你的主意打谁的呢？

那一刻我意识到，或许真的是我自己出现了问题，那段时间我陷入了困境，夜里失眠，白天总是没有精神，我觉得是我把霉运给吸引过来了。

接下来的事情，就是怎么调整自己的问题了。

记得在沙溪古镇旅行的时候，我在叶子的店里坐着，叶子要带我去看她的客栈庭院，离这里有一段距离，我站起来直接跟她走了。

旁边有人问我，姑娘你的电脑还有其他东西都留在座位上啊？你不怕丢吗？

那个时候我不知道自己哪来的灵感，突然说了一句，这个世界上最重要的东西就是我自己了，不怕不怕。

叶子连连点头称赞，说就是这个逻辑，这个世上只要你自己还在就好，其他的都是身外之物。

前段时间，老家同学来深圳玩，还去了一趟香港。回来之后，他跟我抱怨，天啊！我受不了了，你们大城市的人走路太快了，路上车水马龙，我坐个地铁都很慌张。到了香港更夸张，每个人就像是参加运动会一样，走路都是带风小跑，我觉得我在这里多住一阵子，绝对就变成神经衰弱了。

我问他，那你回老家就很安全咯？

他叹了一口气，说其实也不是，在老家也很无聊，下了班就是斗地主和看电视，因为衣食无忧也没什么压力，所以觉得生活枯燥至极，自己都要颓废退化了。

听着同学的抱怨，我想起了叶子说的话。她说，他们在大城市经历了匆忙的节奏，也经历过很多的慌张跟压力，如今过上了平静安逸的生活，他们乐在其中。这种对平静生活的体会，跟我同学所说的那种平淡无聊，绝对是不一样的。

夜里我收到一个前同事的信息，他说《极速前进》上周不是来深圳录制了嘛，他一开始不知道，那天正好去莲花山玩，在上坡的时候撞上了一个人，一抬头，哟！这不是徐峥吗？

当时他就大喊一声，囧途倒霉鬼你怎么跑这儿来了？结果徐峥给了他一个大大的笑脸，我同事说感觉自己也在拍电影了呢！

我问他，那你不激动吗？

同事说，不，我是想着下次能在他的电影里客串一个甲乙丙丁，这也不是没有可能滴！

生活真是个有意思的事情，我们行千里路的目的，不是为了告诉别人我看过多美的风景，我有过多神奇的经历，而是当你被生活挫败后依旧热爱生活，当你慌张的时候不再六神无主，当你遇见彩虹的时候，能乐得自在，欢呼一场，然后感受这份惊喜。

慌张过后，是为了更好地迎接更多的慌张，然后一个一个地把忐忑键按下去，去迎接一个个小确幸，在心里淡定地喊一句，哼，生活！

慌张过后，让我们平静接受，甚至可以期待，生活这个可爱而又可恨的小恶魔，会不会正在给我们准备另外一番小惊喜呢？

发 呆 片 刻

有时，弱点反而是我们最强的武器。

——美剧《尼基塔》

在人生的大尺度上，没有浪费这个概念。人生里每一份经历都是有用的，哪怕是以教训跟失败为代价，因为从一生的长河来看，你总得摸爬滚打，你总得战战兢兢，才能从小白蜕变到成熟，这个过程的深浅程度不一，也决定了每个人的人生体验不一样。

好 运 总 在 一 念 之 间

金钱之所以有灵性

About: 你怎么花钱，你的精力放在什么事情上，时间看得见。

01

同学要换工作，向我打听南山那边写字楼的交通情况。我一一告知，然后叮嘱她错开早高峰，不方便的话就打个车。

几天后，同学告诉我，她不想再找工作了，因为路上太遭罪了。

她每天给自己安排一场面试，趁中午休息时间出来，然后转两趟公交车加一趟地铁。中午的太阳热得火辣，有时候等车迟迟不来就在路边站着，不到一会儿就已经满身大汗，结果就是，要么面试迟到了，要么精神状态不好，面试效果自然也不好。

我问，那你为什么不打车呢？

她很惊讶，我为什么要浪费那个钱？反正都是能到公司的，做公交车能到就行了呀！

我说你穿一身体面的衣服，化着淡妆，在马路上烤五分钟就能汗流浃背，从女神变屌丝，你要是直接打个车过去，那就不会错过时间，也不会让自己狼狈了。

同学听了之后，支支吾吾了一会儿，又开始跟我抱怨，每天去面试的时候都是心惊胆战的。先悄悄离开公司，下午面试结束了还得赶回去打卡，有时候运气不好碰上领导要开会，那下午的面试预约又要推掉了。

我说，那你就光明正大地休假或者请假，这样就可以安心找工作了。

我还没说完，同学马上反驳，这怎么行？！我的年假是要用来旅游或者回老家的，用来找工作太浪费了，而且请假的话，又要扣掉几天的工资，那可真是掉我的肉啊！

至此，我就没什么可说的了。

02

最近收到一个女孩的邮件。姑娘今年刚大学毕业出来工作，就在深圳，一个月前她问我，自己找了一份工作，薪水四千，最近忙着找房子，她想住在郊区，这样房租比较便宜，可是上班的时间就得要一个半小时以上；如果租市中心的房子，那房租就占去工资好大一部分了，这样感觉日子就紧巴巴了。

姑娘问我，该怎么选呢？

一般对于这种琐碎而具体的问题，尤其是没有涉及人生观价值观之类的思考事宜，我是不会回复的。再说了，在大城市谁还没搬过几次家啊。

但是那天也是心情好，我就回答了几句。我说如果你喜欢热闹一点的生活，那可以跟同事或者同学一起合租，即使在市中心的房子，分摊下来压力也没那么大；如果你喜欢一个人独居的话，首先要注意安全问题，所以不要挑杂乱的地方，其次是尽量选择一个离公司近的地方，你耽误在路上的时间，绝对会影响你的长远发展。

一个月后，就在昨天，姑娘给我留言，说房子找好了，在公司附近的小区里，一个单间快两千了，有些贵。但是这一个月上班的状态确实很好，走路到公司上班，下班同事还在路上的时候，她已经吃完饭了。因此晚上有了大量的时间，可以看看书，锻炼身体或者加班做点事情。

姑娘还给我发来了几张图片，窗明几净的简单房间被她装饰得温馨舒适，也让我羡慕不已。

姑娘说，真心谢谢你的建议。

我说这跟我没有多大的关系，纯粹是你自己衡量之后，知道自己要的是什么，每一个选择都是有弊有利的，自己去承担就好了。

03

我以前带过一个实习生妞妞，也是刚从大学毕业。因为我们的工作比较轻松，有时间的话，我们也会看看新闻逛逛淘宝，妞妞也不例外。

只是可怕的是，妞妞是那种打开淘宝就停不下来的人，她每次总是叫嚷着，"今天一定要剁手了，买过这一次我一定戒了。"

她能说出同一个牌子的同一件衣服在哪家店铺会更便宜，有时候还说得出那些客服的名字。我问她怎么知道这些的，她说我会对比每一家店铺，然后挑最便宜那家，进去跟客服聊天，看看谁愿意给最低的折扣，外加送几双袜子或者其他小礼物什么的。

　　有一天，我们有个客户急着要一份文件，我让妞妞给传过去。

　　十分钟过去了，客户没有收到，我催妞妞，她说已经整理好了，一会儿就可以发过去。

　　又一个十分钟过去了，我等不及了，于是跑到妞妞的座位上，结果不过去还好，一过去我就看见妞妞的电脑屏幕上开着好几个淘宝旺旺的窗口！

　　这一次我真的生气了，我质问妞妞，我提醒过你很多次了，上班逛逛淘宝没什么大问题，但是也别太夸张，而且现在工作事件紧急到这个地步了，你居然还有心情在这里跟客服扯东扯西？

　　我本来还担心自己的语气会不会重了些，结果妞妞一脸气急败坏地跟我说，上周买了几条皮带用来搭配连衣裙，客服说好了会多送一条，结果忘了，真是倒霉啊，跟客服掰扯了半天，搞得自己连工作的心情都没了！

我想到了什么，然后问一句，皮带多少钱一条？

妞妞回答，9块9，三条以上包邮哦！然后她一脸窃喜的样子，问我要不要链接。

这时候我回答了妞妞一句，其实这几条皮带的钱，犯不着你浪费一天的时间去弄这个事情，而且几十块钱的东西，比不上你今天的工资以及工作能力的提高来得重要。

三个月后，妞妞的实习期结束了，她就回学校去了。有个同事说，对她的唯一印象，就是她每天高兴的时候拍着键盘说，"欧耶，今天跟淘宝客服砍价一上午，又省了十块钱！"要么就是不高兴的时候，也拍着键盘说，"这什么商家，淘宝现在包邮是天经地义的事情，你居然还要我出这个邮费，神经病啊……"

04

我开始反思，每天沉浸在斤斤计较的状态中，这是不是有些问题了？

谁都有过穷有过紧巴巴的时候，我现在也不富有，我也想着多挣钱，身边那些创业者们，他们也都是想办法找投资融钱，没有一个人说自己的钱是够用的。

看那些大人物的访谈，他们总是告诉我们，钱要一分一分地挣，要有耐心，要对自己的未来充满希望。然后我们看到这些故事过后，也激励自己不要害怕眼前的困境，勤俭节约加上努力挣钱，生活会慢慢好起来的。

可是从来没有人指出来的是，该如何理性地开源节流，而且很多人正是因为一味的勤俭节约反而变得越来越穷，倒是那些花钱有度的人加上一些理财方法，反而收入慢慢地好了起来。

就像那个要去面试的同学，她的下一份工作收入有可能涨幅很多甚至是翻倍，比起打车、请假扣薪水的这点钱，根本没有可以比较的价值。

我的实习生妞妞，为了几块钱的折扣消磨掉三个月的实习工作机会，真的是损失大了。也可以想象，将来她真正进入职场了，遇上一个就事论事的领导，被教训一顿之后也会像小白兔般委屈，觉得这个世界太残忍了。

贫穷不是件可怕的事情，可怕的是被贫穷束缚的心智。

每日计较那些点点滴滴的小事，先不说会不会造成人品问题，自己的心理也会慢慢扭曲起来。

金钱之所以有灵性，它会选择那些真正希望获取它的人，并且给予那些不光是努力，而且是有头脑有规划的人更多的回报。那些天天喊着"我也很穷，谁来可怜可怜我"但是不愿意让自己吃一点亏的人，并不在这些可以吸引金钱的人群范畴中。

05

刚工作那会儿，我也是每个月薪水刚到手，第二天就觉得这个月又要艰难熬下去的人，我一样觉得无力、无奈、压抑，甚至在某些时刻抱怨自己的父母抱怨自己的出身。

因为日子过得紧巴，所以总觉得少了自信，更少了对未来的希望，感觉日子就要慢慢磨平在这日复一日的煎熬中了，根本不愿意去规划梦想去经营生活的事情。

我花了三四年的时间，慢慢改掉我父母那一辈遗传下来的节省至极价值观。我并没有说他们不对，那个年代里生活不容易，每一分钱都是要掰着两半花，我也感恩我的父母极尽他们的能力，也牺牲了很多送我上学读书，直到让我成为一个可以独立于社会，开始自己挣钱养活自己的人。

但是我更记得的是，父母也曾教过我们，吃亏是福，吃小亏防大亏，这不仅仅说的是行为举止人品道德，而且也关乎如何对待金钱的态度。

一个锱铢必较的销售是不可能谈到好客户的，一个小气抠门的直系领导也很难让下属信服，一个躲在家里觉得就不用花钱的人，是不可能遇上更大的圈子跟人脉的。

如果一个人经常在吃完饭之后找借口提前离席，或者把"今天正好没带钱包"当成口头禅，我们就一定会在心里有个评定标签，即使说不上非得鄙视或者要教训他一下，只是在日后他需要帮忙的关键时候，我们总会或多或少考虑一下再做决定。

贫穷不是件可耻的事情，可耻的是拿这个作为自己逃避任何事情而且还要振振有词天经地义的借口，就像之前很流行的一篇文章《你弱你有理》中的几个人物，为自己的弱势地位叫嚣，也难免让我们感叹可悲之人必有可恨之处。

我经常唠叨一句话，钱很重要，可是有时候钱又不重要。之所以拿这个观点洗脑自己，告诉自己生活中有舍有得，其实是为了安抚自己急于求成的急躁心态。我对自己说，你怎么花钱，你的精力放在什么事情上，你的金钱配额比重放在什么人身上，这一切的一切，时间看得见。

发 呆 片 刻

我们不能成为那些只是为了柴米油盐拼命地工作，却没有时间追求梦想的人。

——美剧《破产姐妹》

我花了很多年才学会
拒绝别人

About：一种说"不"的能力。

01

从我大学毕业到深圳工作后，每一年回老家都会有街坊邻居或者亲戚上门，美其名曰聊家常，实际上让我给他们的孩子找工作。

每次我都说办不到。

可是他们就会回我一句，怎么可能办不到！你看现在你才工作几年，就给你妈买了大房子不是？你就想想办法吗？好歹我们都是看着你长大的对吧……

每次到了这个节口，我只能勉强答应下来，说我会考虑的。本以为久而久之，对方会将这件事情淡忘了，可神奇的是，他们会隔三差五地通过我妈的电话给我传话，你们公司现在有没有岗位空缺啊？如果没有的话，问问你其他朋友的公司行不行？我儿子还有两个月就要毕业离开学校了，他得有个去处哇……

看来拖是没用了，我得换个法子。

有一天隔壁张阿姨来我家，照样是客气的开场白，然后很快就进入了主题：她的女儿明年就毕业了，现在正在准备论文，明年也想到深圳工作，你能给帮忙安排个岗位不？

张阿姨继续说，我跟你说啊，我这个女儿特别乖，平时老实听话，做事情也勤勤恳恳，你只要有一份工作给她，她一定刻苦努力，绝对不会让你丢面子为难的。

我回答说，那很好啊！这个忙我很乐意帮！我们公司现在就有空缺的岗位，你让她明天来我这儿一趟，我问她几个问题。你可以提前告诉她，我就想聊聊她在大学里都学了些什么，有什么兴趣和特长，这样我可以帮她选择到更合适工作，对不对？

张阿姨听了这一番话，感激到不行。我又补充了一句，对了你记得让她带一份简历。张阿姨一阵点头，然后满意地回家了。

第二天我在家待了一天，张阿姨的女儿也没有过来。

后来的几天，张阿姨也没再来过我家。

后来碰到张阿姨，我关心地问了一句，您女儿这几天怎么没来找我呀？

张阿姨叹了一口气，别提了，那个不争气的孩子，真是要气死我了。我按照你那天给我的提醒，把你说的几段话都转告给她了，结果她就死活不愿意出门找你了。

我继续问，您跟她说了些什么呀？

张阿姨回答说，我就告诉她，让她告诉你自己比较擅长什么，大学里学了些什么，有哪方面比较突出的成绩，还有就是把简历准备一下，可是等我说完这些，她就耍赖说不愿意去找你了。

张阿姨补充说，我明明是按照你的话一一转达给她的啊，我没有做错什么吧？

我微笑着回答说，你没错，估计是小姑娘自己还不着急吧。

张姨一阵惊恐：怎么会不着急！这都快毕业的人了，总得找份工作养活自己的吧！家里送她上学付出了那么多，她总不可能回家里来当啃老族吧？而且她要回来我也不乐意，一大学生找不到工作，那得多没面子啊……

张阿姨摇头叹气地说，还是算了，我骂了她几天，还是赖着不愿意去找你，真是太感谢你的热心了，让你费心一场，弄得我都不好意思了。

我一边表示无奈的表情，一边抚慰着张阿姨，没事没事，以后有需要了还是可以找我的。

事实证明这个方法是有效的，后面几个找我帮自己孩子找工作的街坊邻居，基本上回去把我的要求跟孩子说了以后，就再也没有来过我家里了。

道理很简单，天下所有的父母都觉得自己的孩子是最听话、最老实、最认真、最棒的，可是单独让他们的孩子来见我，说说自己大学里学了什么，会些什么以及喜欢什么，基本上这三个问题就已经把他们堵死了。

从此以后，我再也不用烦恼这个问题了。

02

高中那年，家里来了一个远房的舅舅，说是要借钱。

说起这个远房舅舅，他们一家子都是好吃懒做的人。几个孩子没读几年书就混社会，而且也不认真工作，属于那种赚了一个月的钱然后就吃吃喝喝全部用光的人。舅舅自己年纪大了干不了农活，而且每天喝酒抽烟大到惊人。全家就靠舅妈一人种点菜换些零钱维持生活。

这几年舅舅的两个儿子相继成家，从操办婚事，到儿媳妇怀孕生娃，所有的家庭开销全部是管周围亲戚借来的，而且从来就没有还过。后来慢慢地，所有的亲戚都开始畏惧他，能躲就躲，可是他们一家子的境况依旧没有好转。

这一次舅舅来到我家，进门第一件事就是开口跟我妈道歉：我知道我没用，我的儿子也没出息，我们一家子把所有亲戚的情分都用完了，我活该至今过成这么一个狼狈相！

我妈在旁边不说话。

果然，说完前面那一段，舅舅话锋一转，兰姐（我妈小名）啊！这一次你要不帮忙我真的是要死了！

我妈问，发生什么事啊？

舅舅说，一个孙子发高烧，现在在医院，医生开了药方要打点滴，但是没钱付医药费，护士硬是不愿意帮打针。

医药费多少钱？

两百。

我妈一脸震惊，两百你也拿不出来？！

舅舅依旧哭丧着脸，家里的情况你是知道的，现在没有人愿意理我了，可是我孙子现在持续高烧，要是晚一点打针，真的会死人的啊！

我妈说，其实说起家里境况，我可能比你还困难，小令明天开学，下个学期的生活费就是一笔大开销，还有她哥刚结婚置办家用，小令她爸肝病手术刚回来，我自己恨不得一分钱掰成十分钱用啊……

可是没等我妈说完，舅舅说了一句，你的意思是，难不成真的要我跪下来了？

完了，最糟糕的状况终于出现了，当年的我还不明白所谓的道德绑架，在那一刻上演得格外生动。

接下来，我妈给了我一个生动的教学案例。

我妈叹了一口气跟舅舅说，你是我大哥，这一跪使不得，我来帮你就是了。

然后我妈把舅舅带到楼下的小卖部，当着众人的面跟小卖部老板说，我这个远房大哥家里孙子生病在医院急用钱，可是我这个月实在拿不出钱来了，你能不能看在我的面子上，先借他两百救急？

小卖部老板也客气，说生病肯定要帮忙的，可是你知道我这是小本生意，每个月资金周转是固定的，这钱什么时候能还呢？

我妈望着舅舅，他想了一会儿说，两个月吧，两个月之后我还你。

最后，舅舅拿着钱去医院了。

那天夜里，我妈就先把这两百块还给了小卖部老板，说到时候我舅舅来还钱了她再过来取。

我疑惑地问我妈，你怎么确定他这一次就一定会还钱呢？

我妈回答说，中国人借钱最喜欢的就是欠熟人的钱，亲戚也好朋友也罢，遇上你舅舅这种每天都揭不开锅的人，你追债是追不回来的。

可是欠陌生人的钱就不一样了，我让你舅舅跟小卖部老板借钱，小卖部老板到时候说收债就收债，你要死皮赖脸说要钱没有要命一条，你真以为人家就不敢上你家翻箱倒柜啊？

人家不欠你的情分，有借有还是最硬气的资本，你舅舅再不要脸也不敢这样啊，这样的钱他是不敢赖的。

我点头。

我妈还说，虽然我们家经济条件不好，但是救急不救穷的原则还是有的。你舅舅一家子都是好吃懒做，是借钱不还的主，已经不能用道德去批判他们，他们为了生活已经顾不上所谓的人品了。

既然躲不掉这样的亲戚，那就以"帮忙"借钱的名义引导到其他非亲戚的人身上，这样我帮了情分，他也不敢赖账。之后一想到从我这里借不到钱，只能去楼下小卖部老板那里，而且有固定还债周期赖不掉，久了他也就知难而退了。

这应该是我记忆里，第一次有了转移压力的概念。

03

我的日常工作是做文案策划，因为这是我感兴趣的工作，加上我是个不怕麻烦的人，所以基本上部门里所有的关于文字写稿部分的活我都会接下来。

这样的好处是我变成了一个万金油，别人但凡有个或长或短的稿子任务都找我。但是坏处就是我变成了老好人，他们都觉得找我是理所当然，有时候我的日常任务还没完成，突发来的任务就临时插队。

有段时间我的工作量很大，聊天群里有同事丢给了我一个任务，要写个报告一类的。我因为一直忙着，就没有及时回复。

到了下班的时候，同事找我要东西，我说太忙了，估计今天做不完。

于是到了第二天，上面的大领导找我谈话，听说你最近工作有些懈怠了，开始不配合其他人的工作了？

……

那天跟大老板谈完话，我心里一顿委屈，恨不得找个地方大哭一顿。我一个老好人得罪别人一次就万劫不复，平时那些脾气暴躁的人反而还过得好好的，凭什么？

我觉得一定是哪个环节出了问题。

后来我想明白了，真是我自己的问题，我的工作职责没有划分清楚。人事部门的同事顾不上来划分，我自己也不曾主动提出过。即使我一开始为了锻炼自己愿意揽下所有的工作，可是后来工作饱和，然后超负荷运转，我就吃不消了。

这次事件过后，我跟领导提出，为了方便公司的管理，我建议大家每周写工作周报的时候，可以先把自己的工作范畴跟职责罗列出来，这样也好对比自己的工作完成匹配程度对不对？

领导很满意这个建议。

于是我就吭哧吭哧写了五大条并各自十条，关于自己岗位的工作事项，并标明这些工作量占据我一天一周以及一个月的时间。

美其名曰是为了方便绩效考核，实际上如果我把每一件工作的时间相加，早就超出了我的工作时间。

从这以后，每一个向我提工作需求的人，我都会参照我的工作任务模板，属于我的工作我会接下来。不属于我的额外部分，我会要求对方发送邮件并抄送我的直系领导，等直系领导确认此事了再决定是否安排给我。

这样一来，我的额外工作少了很多，而且再也没有人敢拿我不配合他人的工作来为难我了。

这件事情告诉我的是，职场是个讲情分的地方，可是工作这件事情是不讲情分的，你一味地当老好人最后只会吃力不讨好。

有时候遇上委屈了也不需要马上反击，一定要合理利用职场规则，借用"他力"，就比如我所谓的帮公司梳理员工工作绩效的名义，以此来维护自己的权益，保护自己的职场尊严。

04

从我经营这个公众号（微信号：她在江湖漂）开始，再到这阵子出书，虽然我用的是自己的笔名，还是有很多以前那些不怎么相熟的同学朋友，开始找到我的联系方式然后加了微信。

他们开场白是，我以前跟你一起在一个新闻小组写过作业，我以前住你隔壁宿舍，你还记得吗？我们是同一个大学社团的……在所有铺垫之后，他们都会来一句，听说你出书了哦，那顺便送我一本吧，我的地址是……

这样的人，我一般是不回复的。

结果他们就会继续问我，你怎么老是不理人啊？你把书寄给我，我可以帮你推荐一下给周围的朋友嘛！

这一次我终于回复：我不知道你周围的朋友是什么品位，也不要太勉强他们了，而且我号内的很多读者都会主动买我的书帮我宣传，我的那些好朋友全都是自己掏钱买书晒微博晒朋友圈的，你要是太忙，也就不麻烦你了啊！

这一次，他们没有再回复。

05

我刚毕业的时候，坐在我隔壁的同事说他三年前刚毕业的时候月薪就已经是三万了。有一天我问他能不能帮我一个朋友设计一个Logo，他开价一万。我当时差点一口老血就吐出来了。

后来，我接触更多的设计师后，我越发觉得，他们的工作真的不比我码字轻松多少啊！

大学的每一个暑假我都会到一个报社实习，后来开学了我也没跟报社老师打招呼就离开了。然后四年后我想要一些实习证明，于是回去找这些记者老师帮忙写一些好听的推荐语，他们都不理我。我觉得自己很委屈，这个世界好狠心。

后来我知道，我这么一个没有礼貌，没有社交礼节的人，凭什么开口要人家的推荐呢？

大四那一年我在北京某党报当了半年的实习记者，有一天参加一个教育大会，散会后很多专家学者到了一个会议室接受记者们的采访。当时偌大的会议室放眼望去，全都是央视、新华社、中青报等各大媒体的成熟记者，就我一个实习生。

当时每个记者都可以提问，可是轮到我的时候我紧张得一句话也说不出来，只能跟着前一个记者的问题随便问了一句。

等到采访结束，另外几个记者都相互留了联系方式，说回去后方便稿件观点统一，优化细节。我想加入他们的讨论群，然后被拒绝了。

那天回到报社，我向负责带我的老师抱怨了一下，他突然问了我一句，你自己什么问题都问不出来，你拿什么信息跟他们交换呢？

这一句话真是把我问住了。

是啊，他们都提问了很多问题，可以相互把各自的解答分享一遍，可是我有什么呢？我一无所有，我有什么资格说自己被冷落了呢？

06

　　这样的小事还有很多，我曾经就是别人眼里的贱人，那个伸手党，那个我弱我有理，那个动不动就玻璃心委屈万分的人，就是我自己。我只不过从这些教训中得到了成长，然后慢慢规避自己弱势的部分。

　　现在，我身边也会冒出很多让我觉得无理的奇葩之人，我从来不会气势汹汹地讨伐或者反驳回去。我的选择是不理会就好，让他们反省，让他们各自梳理，就如同我也花了很多年才梳理过来。

　　我一直是个玻璃心，当了二十多年的老好人，尽管我知道学会拒绝是成长的必经之路，可是落实到具体的事情，我总是栽跟头。

　　如今的我，依旧玻璃心，依旧柔软，但是我已经知道用什么样的方式去处理这些无奈之事与无奈之人了。

　　我并不是不提倡牛逼哄哄理直气壮的讨伐，一针见血的观点有时候让人胃口大开，可是就跟吸食鸦片一样，高潮一会儿也就过了。

　　价值观这样的东西，有人选择戾气十足，有人选择以柔克刚，有人选择大智若愚，这都不过是一种生活方式而已。

而最怕的就是，你拿了别人牛逼哄哄的观点放在朋友圈，想给自己身边的某人警示，可你是否想过，对方或许也在跟你干同样的事情呢？

我们不是圣人，所以也没必要站在圣人的高度讨伐别人，不然我们也变成了别人眼中的"圣人婊"。这样的你来我往相互鄙视，有意思吗？

发呆片刻

应该有更好的方式开始新的一天，而不是千篇一律的在每个上午都醒来。

——电影《加菲猫》

有一种前任叫做前东家

About：在人生的大尺度上，没有浪费这个概念。

01

　　我身边有朋友每一次找到新工作，总是欢喜地找我吃饭庆祝，我也愿意赴约。可是诡异的是，这种庆祝活动，往往会变成对前东家的吐槽讨伐大会。

　　也是，人毕竟是情绪动物，把不好的遭遇分享出来，期待别人给自己一些赞同，以便让这份离职决定看上去更加正确。

　　我们都是孤独的人，既需要被认同，也需要一些慰藉。

但是从另一个角度来说，如果为了让自己的这份决定得到更多人的体会与认可，那我觉得大可不必。

这就跟谈恋爱一样，因为彼此喜欢而在一起，时间久了却发现跟自己想象的不一样。

同样的道理，一份工作也是具象而琐碎的，哪怕是设计师也分为建筑设计、艺术设计、平面设计、展览设计和工业设计等多种门类。

加上自己所处的工作环境，跟同事的人际关系，这些看似不需要计入薪酬的部分，都直接影响着每一份工作的感受。

坊间传言马云说过一句话：一份工作如果让员工有想离开的念想，那只能有两种原因，一是钱没到位，二是人受委屈了。

这段话刷爆了我的朋友圈，很多人感觉说出了自己的心里话，感觉别人家的老板才是好老板，心里祈祷假装不经意让自己的领导看见，颇有一副我现在的所获所得都匹配不上自己的付出的小情绪。

其实，你可以站在自省的角度想一想，为什么我付出那么多，收获还是这么少？

按照我自己的梳理，一是专业水平不够，积累也不够，所以自己处在职场生物链的最低端；二是自己做出了成绩，可是老板没发现或者不知道，所以也没有办法给你加薪升职。

还有第三种，你以为自己很勤奋，可是对公司效益的提升却没什么帮助，也就是说，有可能你在做无用功。

如果是第一种情况，那你就没有任何可以抱怨的资本，当你的才华还撑不起梦想时，沉下心让自己慢慢磨炼才是正确的做法。

如果是第二种情况，你需要思考如何用合理的方式展示自己的功劳。老板都很忙，有些时候自己主动一点不是坏事。

当然了，如果是第三种情况，你需要考虑一下，自己的努力方向是不是出了问题。及时刹车，总结反省。一味地付出成绩却平平，容易把自己的耐心耗完。

这就是我不爱拿前东家出气的原因，更没有抱怨的兴趣，因为这是一件没有什么意义的事情。

02

我离开第一份工作快两年了。

因为我手上有一批负责的客户名单，所以交接工作时候，公司给客户发邮件的统一口径是，我调换了部门，手上的具体工作由谁来交接。

公司不告知客户我辞职的事情，主要是因为这个岗位两年里换了很多人，工作烦琐，压力也大，有时候面对难缠的客户也很闹心，所以这个位置上谁都待不久。

后来我向公司建议，设立几个固定的电话、QQ以及邮箱等联系方式，这样即使工作换人，也影响不到客户。所有的变动在内部消耗完毕。

这个建议被采纳了，后来我离开公司以后，这个工作法则就一直这么延续了下来。

有一次我跟前同事吃饭，她知道了这件事情以后直接跟我说了一句，你就是心肠太好，老惯着他们那一帮客户大爷，再说了前公司那些坑爹的事，你何必要做这些吃力不讨好的事情呢？

我说，每一次找我的客户都不一样，即使我回答了无数次的话，对他们来说都是第一次听到，他们没有必要为我的不耐烦买单。

第二，公司那些坑爹的事，是很多原因造成的，无论是公司制度也好，人际关系也罢，都是很复杂的问题，我们犯不着为了这种复杂的状态去责怪公司。

03

你别看我现在云淡风轻地说着这些事，我也是在这些具体烦琐的教训中一步步梳理过来的。每一次的离开，说开心那是不可能的，但是也没有必要放大不开心的地方，把自己说得那么惨。

一旦你把不开心的地方夸大成了悲惨，那就会激发你对下一份工作的美好期待，但是到了后面你会发现新工作也不过如此，要处理的难题大同小异。

如果你愿意说服自己接受这个真相也好，可怕的是你自己还没有意识到，以为可以通过不停地变换工作来找到那份"最好的工作"，这样只会让你的职场之路恶性循环。

这个世界上，根本就没有一份所谓"最好的工作"。

如果说谈恋爱难免遇上几个人渣，可是对于一份工作，本来就是你情我愿的事情，你接受了它给你的市场定价，你也选择了这么一个平台，那就不存在纠缠不清了。

我不会跟别人说我当初选错了一个恶心的公司，毕竟我当年也是以在这个地方工作而感到自豪的。至于到了后来，我有所成长有所改变，我有了更多的机会，那我离开便是。

与其让自己找到一堆关于这个公司不好的地方说服自己离开，不如完善自己，让自己积攒更多可以离开、有所选择的资本。

要知道，真的要离开的人不会左右摇摆，那些天天叫嚷着却迟迟不见行动的人，他们永远都会抱怨人生为什么要工作这件事。

这是我近两年开始转换的一个思维，正向地去思考问题，而不是消极地往后看！你要做的是往前走，往前看，去完善你的成长体验。你要知道的是，旧的会离开，新的会到来，你要敞开胸怀，去拥抱未知的一切。

去年看《奇葩说》，马东说了一段话让我很受用。

他说在人生的大尺度上，没有浪费这个概念。我们经常说我跟那个人谈了三年恋爱，结果他是个王八蛋，回想起来我人生是浪费的。但你怎么假设你的人生没有那三年？你怎么假设你的人生不会浪费在另外一个王八蛋身上？你还常说我找了一份烂工作，那是一个烂公司，我在那个公司工作了四年，我是浪费了我的四年，你怎么知道？

人生里每一份经历都是有用的，哪怕是以教训跟失败为代价，因为从一生的长河来看，你总得摸爬滚打，你总得战战兢兢，才能从小白蜕变到成熟，这个过程的深浅程度不一，也决定了每个人的人生体验不一样。

你的获得，决定了你的生活方式；而你的付出，决定了你生命的意义。

我写过自己吃过的那些亏，我写过那些为难我的人，我不会说终有一天，我要牛逼起来证明给你看，当然我也不会感激敌人，说什么谢谢你让我成长。

一切的一切，都只是归于我自己想成长、想努力、想挣扎探寻出一条自己的路而已。

每个人都只能陪你一段路，爱你的人如此，难为你的人也是，到最后你会发现，其实你只是想自己证明给自己看：我试着往我想要的那个方向做出了这些布局、试错、尝试、收获以及反馈，然后再一轮重复……我慢慢靠近了那个我想要的事业，顺便过上了我喜欢的生活。

我们总说，每一次离开都是为了能更好地回来，但是我们也知道，有时候人生不是你想回头就回得了的，在这个机遇越来越多的时代里，我们唯一能做的就是，往前走，别回头。

我一直记得《杜拉拉之似水年华》里有一句：我认为去留并不重要，重要的是我们选择的原因。

发 呆 片 刻

在这些无意义的痛苦面前，我们该怎么做？
他告诉我："除了从无意义的事中，尽力挖掘出一些有意义的东西，我们还能做什么呢？"

——美剧《纸牌屋》

成为解决问题的那个人

About: 别 成 为 逃 避 的 小 丑 。

01

前段时间电视剧《北上广不相信眼泪》热播的时候，我看了一个桥段是，陈雄奇跟自己的上司提出加工资的要求，理由是想把自己在老家的儿子接过来，跟他一起生活，安排他上学，所以他需要租一个大一点的房子。

可是，这个理由在职场里是不成立的，没有一个领导会因为你家里有难处，所以我应该给你涨工资。这份"你弱你有理"在一定程度上就是道德绑架。

所以，最后的结果是陈雄奇灰溜溜地离开了上司的办公室。他寻求自己的下一步出路，可是他发现根本没有出路，于是他又去请求上司加工资，只不过这次变成了祈求，有一种"请你可怜可怜我"的悲壮感。

好在他的上司，就是市场总监叶昭君还算是个有情义之人，没有第一时间把他轰出去，而是设身处地地说了一句，让我帮你想想办法吧。

陈雄奇就是这么一个职场里可有可无的人物，就是我们常说的没有功劳也有苦劳的人。这样的祈求式加薪状况只会在他身上一而再再而三地发生，因为他把自己的职场气质定义成了这个样子，"我兢兢业业不犯错误，这就是最好的自我保护方法"。

他没想过改变，或者不曾走出第一步，所以他也会一直在这条路上走到黑。

潘云说过一句话，我是个解决问题的人，不会逃避问题。如果我觉得出了问题，我会把它放出来而不是躲避它。

当我听到这句话的时候，我就明白了，人以群分的标准之一，可以有一种就叫做解决问题与逃避问题之分。

顺着这个角度，你会发现生活中的很多问题都有了答案。

比如一个女生纠结于选择一个有钱但是不喜欢的人，还是选择一个不够有钱但是自己喜欢的人。

父母期望你选择前者，因为他们是过来人，知道物质稳定的重要性。而姐妹们或许会建议你选择后者，因为先喜欢一个人，然后才可以跟他共度一生。

当这么多外界因素加入进来，女生更加纠结。外界因素可以参考，但女生忽略了最重要的事情，就是自己的爱情观和婚姻观，而这个恰恰就是她最需要解决的问题。

你连自己想要什么样的人都没想清楚，你一直把自己的价值观藏起来，不愿意拿出来做参考对比，那么任何一种选择对你而言都是不正确的。

再比如说，有人问是选择轻松但是薪水比较低的工作，还是选择薪水比较高但是也很累的工作？这个逻辑的思考并不在于钱少就省一点用，抑或是多劳多得我愿意受，而是在于，这份工作对你的意义是什么？

它能否在一定程度上匹配你的兴趣？它能否在一定的时间段里让你有所积累成长而不是纯粹做无用的重复？它能否在满足你的物质需求之外，还能给你一些归属感？

最近有一个男生给我留言，说自己面试被拒了，原因是自己不会用最基础的办公软件。我说你去网上查一些视频教程，学习一下，慢慢完善就好了。

结果他说，大学根本没有教过我这些东西，我不会是理所当然的，为什么因为这个就把我否定了呢？

哪有那么多为什么！

迷茫大家都有，只不过有些人愿意着手去解决这个问题，而有些人不是，他需要寻找一个理所当然的借口来宽慰自己。

可是要知道，如果不采取正向思维解决问题，再多的宽慰也不过是有毒的鸡汤，让你深陷其中无法自拔。

别说大学了，我们这一生中，有多少问题是别人预先教过你的啊？像我这样比较笨的人，开悟比较晚，但我都知道要通过不断试错、向别人请教、自我反省来摸索一条合适自己的路子。

而有些人则是会一辈子陷入在"我不知道自己做错了什么，可我就是输了"的逻辑里，诸如诺基亚这样的明星企业都一夜崩塌了，更何况一个人不自知也不愿清醒面对问题，岂不是更可悲？

02

下面，我要补充第二个逻辑：要反思解决问题的方式对不对。

前几天听说了一个大学同学的事情。她跟男友异地恋，几年下来男生不愿意再坚持下去，选择分手。

这个女生趁着失恋的空当，跑去做了整容手术。本以为她是为了让自己变得更美更自信，好迎接新恋情的到来，可是她的回答太让我震惊了。

她说我觉得男友离开的原因，不一定是我不够漂亮，但是如果我变得跟范冰冰一样美，别说是两个城市的异地恋了，就是跨国恋他也不会离开我。

她还说，如果他看到我现在的样子，说不定他会心甘情愿地抛弃现在所有的一切，来到我的城市跟我在一起。

如果不是我身边朋友的真实案例，我根本不相信这样的神逻辑会发生。

先不说能不能整成范冰冰那么美的脸，也不去讨论外貌在爱情中占多大的比重，关键是这个女生愚钝的地方在于，她把自己被分手的所有原因都归咎到了"要是我能更美一些，他的心就会回来了"。

这种"如果我有了A就一定能得到B"的思维逻辑是很可怕的，就像很多离异家庭的孩子如果心理引导不好，他一定会觉得"要是我的学习成绩很好，爸妈就不会离婚了"，或者"如果我是个男孩，我爸就不会嫌弃我妈了"。

把所有的错揽到自己身上，固执地认为自己是这个世界里的废物或者loser，这种价值观一旦建立，就会让自己一辈子处于"我配不上这个人，我配不上这份工作，我配不上这种生活"的恶性循环中。

这份心魔会跟随你一辈子，在每个夜晚一口一口残忍地反噬你自己。

以前我也是个喜欢逃避问题的人，因为我身边总有人安慰我说"车到山前必有路"，可是这句话的前提是，你得先是一个有造车、开车能力的人，而不是等到康庄大道出现了，自己却是走也走不过去的人啊！

逃避问题的另外一个坏处就是，眼前这一刻是很舒服的，可是当挫折到来的时候，自己的抗压能力也消耗得所剩无几了。

温水煮青蛙的道理我们都明白，可是我们总是习惯性等到事情最糟糕的时候才清醒过来。

　　既然知道有些问题永远无法逃避，不如试着想办法解决它。自己选择的路，跪着也要走完。

发 呆 片 刻

是的，我们都犯过错使我们爱的人离我们而去，但如果我们试着从这些错误中吸取教训并成长，就还有挽回的机会。

——美剧《绝望的主妇》

试错二三事

About: 保持一颗好奇心，喜欢什么就去做吧。

我第一份工作相对而言很舒适，可就是太安逸了，我觉得不能长久下去，所以我跑到互联网行业来体验一圈。从一开始的激情满满到习惯了高强度的工作，我突然意识到一个问题，这样的日子，我还会持续多久？

这一刻我发现，不是我的工作本身出现了问题，而是我对生活的体验出了问题。

其实，为了寻找对生活的触动感，我还是做出了一些改变的。比如说我开始问自己那个看起来很可笑的问题，你有什么梦想吗？

这个梦想，可绝对不是像汪峰在好声音里的那个一贯发问，然后舞台上的选手说自己从小就有一个很大很遥远的期望,这些年有无数奇葩的故事,家人付出太多,然后历经磨难终于来到这个舞台了。

很早以前,我是没有梦想这个概念的,所以当身边人告诉我他们很小的时候就想怎样的时候,很奇怪,我心里没有。或许是身边没有人引导,又或许是我一直觉得生活就是这样的,我认真读书,然后毕业工作,接着结婚生子,然后过着跟上一辈人一样的生活。

我一直不知道怎样去判定自己想要的是什么生活,直到这些年我开始遇上一些有趣的人,我才发现原来在这看似平淡浮华的生活笼罩下,居然可以存在这么多形色各异的灵魂,以及这么多千姿百态的生活方式。

这种意识我经历了几个阶段。

第一个阶段是我刚进入职场,那个时候我最期待的事情是可以升职加薪,在职场叱咤风云,因为太羡慕杜拉拉从菜鸟到高管的经历,我觉得自己这么一个丑小鸭也是可以做到的。

后来,实现了升职加薪这个目的后,我又想要一份好玩的工作,而不仅仅是用来养活自己的工作。

我开始思考，那什么样的工作好玩呢？

这时候就进入了第二个阶段，我陷入了文艺女生都会犯的一种妄想症，我想要开一家咖啡厅，一家书店或者是一家餐厅。

我是个行动派，打定主意，立刻去打听福田区的一些店铺出租信息，我想找一间几十平方米的小店，周围环境比较小资，可是客流量又不能太少。我到网上搜查，结果被吓人的租金震住了。

接着我去了解关于开店的知识，才发现这其中涉及的专业知识跟安全问题，真是三天三夜也看不完，就更别说去执行了。

可是那个时候我真是被激情冲昏了头，店铺还没着落，我先把材料准备好。我买回工具学烘焙，每个周末做手工果酱和冰糖炖柠檬，然后用小瓶子装好。

每次做完成品，我就会拿去办公室给同事试吃，每一次都是大受好评，我也信心满满，于是我开了一家淘宝店铺，把这些果酱放到网上去卖，居然有订单了。

那个时候，我住的地方离公司很近，每次收到订单，夜里我就赶去买水果，回到家来不及吃晚饭，切洗水果，搭配冰糖的分量，接着倒进专门的小锅里熬果酱，几个小时里不停地搅拌，让果酱慢慢地熬出清香，然后装瓶打包。

一整个过程下来，已经很晚了，第二天上班的时候我再拎着一大袋很重的果酱，拿到公司里去寄快递，然后再去通知给我下订单的买家。

这种状况持续了两个月，除了成本跟运费之外，我发现自己赚了不过几百块钱，然而代价却是，我几乎投入了自己工作以外所有的业余时间。而且更重要的是，我开始意识到一个问题，其实我只是喜欢折腾这些小玩意而已，我并不喜欢把它变成我的任务，因为这个过程中我疲惫不堪，远远超过了最初的那一点激情跟文艺小心情。

现在回想起来，我并不是真的喜欢开一家小店，我只是逃避工作，逃避麻木的生活，所以把注意力投向了开一家小店上，可是我不知道的是，这些看上去很美好的事情，背后所要付出的代价有多大。

这就是我试错的第二阶段。

这个经历告诉我，以后遇到那些很有意思的小店，我就做好消费者的身份，舒舒服服地体验别人提供的服务，我不再去向往自己能够成为这个小店的主人，每天喝茶养猫发呆。

我告诉自己，如果有生之年我也能过上这样的日子，那必定是我积累够了一定的资本，绝对不是此刻还在为生活打拼的自己。

如此一来，我再也不会羡慕别人而放大自己的困境。

如今是我试错的第三阶段，我在工作之余开始用文字养活自己。算不上大富大贵，就是心态上比较自由。前阵子我拿到了条件更优厚的offer，可是我准备辞职做一段时间的自由职业者。

我并不打算一直这样下去，我只是想体验下另一种生活方式。

回到最初的那个梦想话题，我从来不敢说自己最初的梦想就是做一名家庭主妇，虽然我觉得自己很擅长，但总担心会被人笑话。反倒是后来的日子里，因为见到更多的人，经历更多的事，于是内在的那个梦想也一直处于变化中，有时候我觉得它很清晰，有时候却又抓不住。

我想起大学生活，男朋友是个很喜欢打篮球的男生，那个时候我不懂NBA，不懂湖人、快船、雷霆、火箭队，更不知道乔丹、张伯伦、科比、奥尼尔、詹姆斯这些球星，可是每次他跟我聊起这些我听起来很陌生的名词，他的眼里是有光的。

这些年在他的熏陶下，我也变成了半个篮球迷，我开始明白工作之余他为什么喜欢打篮球，这就跟我喜欢一个人研究各种菜式一样，这些爱好可以让我们在工作之余，获得一种心灵上的满足。这种满足感就是我们对抗快节奏生活的强大力量。

　　很多过来人告诉我，无论是工作还是感情，激情这个东西是很难维持长久的，即使你自己不愿意面对，可是时间会证明一切。

　　有太多的人给我留言，说自己现在不知道要做什么，所以什么也不想干，明明知道在这日复一日的生活中渐渐麻木，可是也不知道怎样重建对生活的信心。

　　在此之前，我从来不觉得一个人会对生活没有信心，直到后来我知道有一个名词叫"不会再爱了"，然后我才意识到，长久无聊的生活会让一个人从内心变得迟钝起来。

　　知乎上有个提问，对生活失去信心是什么样子？有个回答是，就是对什么也爱不起来，对什么也恨不起来。

　　这一句话，有种苍凉的无力感。

　　有些爱情故事里也说，一个人要是不爱你，最大的报复是沉默，冷到骨子里的寒意。

　　我也经历过这种对什么爱不起来也恨不起来的阶段，但是我知道

自己不能这样下去，我尽量让自己走出来，至于选择的方式，可以是旅行，可以换一份工作，可以跟朋友深夜畅谈一场，也可以给自己的小家装饰一番。

总之，生活总是要有变化的，哪怕是你今天换了一条上班的路线也好。

其实人生最可怕的事情就是等待。等待自己真正长大，等待合适的时机表白，等待合适的阶段跳槽，等待领导给自己加薪，等下一次机会，告诉自己说不定下一个西瓜会更大，更有人沉浸在过往的事情里，遇上重大灾难的时候甚至希望上天有奇迹发生。

我不知道自己为什么会写出这段话，我一向是个保守主义者，很多事情我都是要百分百准备好了才去行动的，可是如今我的观念正在悄悄改变。

这两年里我陆续失去了几个重要的亲人，当我亲身体会到这种感受的时候，我反而对生活没有那么慌张了。我不再纠结于生活中一些无聊的琐事，不再烦恼于工作里一些不愉快的插曲，因为承受过更痛的悲伤，所以对眼前这些短暂的困境有了更大的包容。

虽然我不喜欢用这种失去的方式来磨炼自己的成长，可是我知道这是没有办法逃避的部分，生活中很多事情我们都是来不及做的，这就是我希望自己学会享受当下的最大动力来源。

喜欢一件事情就去做，哪怕眼前的条件不够好，那也好歹先写个梦想清单，想要得到什么，总得试过才行不是吗？

对于第三阶段的试错，最重要的是保持一颗好奇心。它能保证我不会因为自己到了三十岁，到了四十岁甚至年纪更大的时候，我会失去对这个世界的兴趣，它是一种成长于你内心的东西，是你对自己当下的认知，更是你对未来的把握，还有你对于这个世界的理解与感受。

我太想要这个东西了。对于孤独者而言，你得明白，这个世界上，如果没有人爱你，那你总得爱你自己吧。

发 呆 片 刻
————

最好不要忽略过去，而是从中得到些教训。
否则，历史会不断重复上演。

——美剧《绯闻女孩》

逆 转 人 生 的 一 句 话

About: 我 们 总 是 选 择 记 住 了 那 一 句 被 否 定 的 狠 话 。

很久没有看《康熙来了》，无意间打开看了一集，是关于逆转明星人生的一句话比赛，一开始我以为是关于励志一类的句子跟故事，结果到场的几个嘉宾分享的，几乎全都是被打击被否定的负能量的话。

比如有个模特被自己的爸爸抱怨，"人家林志玲都那么红了，为什么你还是这个样子？"还有男明星因为工作太累，想要几天假期，结果被老板回复，"你要放假，那我就一辈子让你放假！"

我一整集看下来，发现这些狠话的回忆几乎全都发生在他们初入演艺圈的时候，或者是当演员演戏很糟糕，或者是很少有通告邀约。

在我们的记忆中，总是记住了那一句被否定的狠话，却很少能够记住给自己一些激励或者感动的话。

一部《喜剧之王》，让多少人记住了星爷的那句话"其实我是一个演员"。这一句振奋人心的话，星爷每次说出来，又饱含着多少苍凉？导演骂他："你个臭跑龙套的！"吴孟达骂他："屎，你是一摊屎。命比蚁便宜。我开奔驰，你挖鼻屎。吃饭？吃屎吧你！"

电影里，吴孟达用极致的尊严践踏考验了周星驰，然后把他选为给黑帮分子送外卖的卧底，最后的正邪交战的戏份看得也着实过瘾。可是如果真要说是吴孟达的"良苦用心"造就了尹天仇的成功，我是万万不认可的。

很多成功人士，总是喜欢分享自己曾经被人瞧不起，到了快坚持不下去的时候，为了"争一口气"也要拼下去，于是成功了。然后要感恩自己经历过的苦难，感谢那些瞧不起自己的人。

电影《夏洛特烦恼》里的夏洛，在上学的时候总是被班主任兼语文老师打压，也是，读书时代一个人如果学习成绩不好，那无论你干什么都是错的。夏洛也一样，追喜欢的女生秋雅，被讽刺为癞蛤蟆想吃天鹅肉，想回心转意好好学习，却被老师嘲讽为"傻子永远都是傻子",于是夏洛最后那一点动力也被浇灭了。

电影里的夸张因素让人大笑,可是现实中呢?现实中也有这样的老师。学校里的主导者是老师,一旦老师认定一个学生是坏学生,那么周围的同学也会敬而远之,把他当成班级里的异类。

这种情况中的孩子,要么为了证明自己不是窝囊废,奋发图强取得好成绩,实现人生逆袭,要么为了维护自己仅有的那点尊严,屈辱忍让,接受别人的取笑,然后继续吊儿郎当下去。

现实中,通常都是后者的概率居多。

可这些看上去对别人的取笑置之不理的孩子,他们心里就真的不在乎吗?

不是的。

你看那些以前读书不好后来混得不错的人,最后都会拿着车子跟房子娶到当年的校花班花,然后到同学会上炫耀一番,又或者是衣锦还乡回到母校问候以前的老师,唯独不会理会曾经让自己丢脸的老师。

还有的大款甚至是为了娶小姑娘而娶,为了满足自己的那一份骄傲,然后告诉别人我很牛逼。可是,究竟他的婚姻幸不幸福,到底有没有感情？这些都不重要，重要的是，他要告诉大家，那些当年瞧不起老子的人，你再出来看看？

看《奇葩说》的时候，陈铭老师说过一个观点，大概意思就是，如果一个人从小受到家庭父母太多的束缚，那么将来孩子长大之后，对他而言争取自由就是他一辈子的奋斗课题，而且即使最后他可以慢慢为自己的人生做主了，但是他会一辈子对父母当初的"我都是为了你好"的道德绑架而耿耿于怀，他并不会幸福。

这也是原生家庭消极影响的一种，按照这个逻辑推断，一个孩子小时候被父母否定，动不动说出"你怎么这么没出息"一类的话，那么这个孩子将来取得成就了，他也一定是想证明给自己的父亲或者母亲看。

可是，万一这个孩子长大以后并没有很成功，而是过着不错的小日子，这种在我们旁人看来也是幸福的一种，可是在他的心里，他可能一辈子都会耿耿于怀"也是，我可能真的就像我爸说的，就是个失败者的命……"试问这样的他又怎么能走出一辈子的阴影呢？

最近总有人拿"人生赢家"来膜拜那些看起来人生圆满的人，

然后顺便拿屌丝、Loser这样的词语宽慰自己，这种非赢即输的价值观让我感到可怕。这也是我为什么不喜欢跟那些铆足了劲要出人头地，或者虽然如今混得不错，但是很容易苦大仇深的人做朋友或者靠近。因为每次跟他们的谈论话题就是"你不知道我当年被羞辱的时候有多不堪"，或者是"你知道吗？我现在每次同学聚会都要回去搞一次那个孙子，当年他怎么弄我的，我要加倍地还给他……"

我没有办法从他们身上感受到积极向上的正能量，更无法获得价值观分享对话的思想碰撞感，我知道他们有过不好的回忆，可是我又何尝不是？别人又何尝不是呢？

我们总是擅长放大自己的苦难，可是在如今的信息时代里，你能知道这个世界上的每一个角落里都有人在经历那些你无法想象的苦难，一旦你知道你所经历的或许也是沧海一粟，而且你慢慢地塑造了适合自己的价值观，那么我们就应该从负能量的思考角度慢慢回到正轨上了。

你问我正轨是什么？对我而言，既不苦大仇深，也不刻意打鸡血，平和地追求自己喜欢的，努力争取自己想要的，有消化负能量的能力，也能在一些心灵鸡汤中找寻合适自己的奋斗准则，然后行动在路上，以及热爱生活。

用《滚蛋吧！肿瘤君》里的台词来说，你不能因为害怕失去，就不去拥有。

同样的，你也不能因为自己曾经遭遇过不幸、打击、羞辱、不堪，然后就让自己一辈子沉浸在这份短暂的阴影中，然后倾其一生，把自己的不快乐不幸福都归咎于"当年要不是我父母……要不是那个老师对我……"

孙俪说自己的父母早年离婚，她跟妈妈一起生活。自己成名后，她爸爸依旧住在上海很破烂的楼房里，于是孙俪给她爸爸买了新房子，而且对爸爸新家庭那边的家人也很好。

有一次采访中孙俪说，家家有本难念的经，但是她知道，如果她一辈子埋怨自己的爸爸，那么最不幸福的那个人是她自己，她会一辈子都有个东西卡在胸口，也会一辈子不快乐。

吴晓波在一个分享会上说，他创办吴晓波频道公众号从来就没有定位在屌丝群体，他说没有人会真心喜欢这个词语的，更不会有人一辈子都愿意活在这个标签里。

他所经营的一切内容，都是以一群精英群体为主，因为他说即使你现在还没有成为精英，但是你应该要有成为精英的欲望，这个价值观思考的过程本身，才能帮助你完善自己的人生命运。

也是，有多少人愿意一辈子成为碌碌无为的屌丝呢？如果一个人心里的思维定式就一直是个翻不了身的Loser，那么试问又有多少人愿意为你伸出援助之手？

我曾经也有过被逆转人生的一句话，也都是不好的回忆。初中因为一次模拟考成绩很差，有个隔壁班的老师因为是我爸妈的亲戚，于是向我妈传话说你这个女儿没救了，考市里的重点高中是绝对考不上了。

什么叫没救了？难道考不上一所好学校，就意味着一辈子就完蛋了吗？

可惜那个时候我不懂得"一辈子长着呢"这个道理，我只是为了争一口气，每天都努力地复习功课。可是让我恨的是，他一而再再而三地恐吓我妈，说按照以往学生的成长轨迹，要是进不了好的高中，就很难考上好的大学，然后就没有办法找到好的工作，这样你的女儿一辈子就过得很苦……

这种一连串的语句，在我父母眼里，简直堪比天打雷劈，我妈那段时间整夜整夜地睡不着，记忆里她的高血压也应该是从那个时候积攒下来的。

这样的小故事还有很多，在高中被男生欺负，被女生排挤的回忆不计其数，也曾经被老师冷落取笑过。这个世界很是奇怪，你自己安安静静地躲在角落里做一个乖学生，可是总会有一些人找上门来，你躲也躲不了。

那时候，我暗暗发誓，等我将来有出息了，我一定要让你们好看！

可是这么多年过去了，还有什么好不好看的呢？那些老师老的老了，都不记得我了，至于那些熊孩子，现在想想，他们的背后也是有无数的原生家庭和成长环境造就的，而且有些人我几乎都不记得了。

曾经的同学聚会我还担心彼此见面会尴尬，结果大家都跟什么也没发生一样，然后问我要微信，接着向我推销保健品、保险，还有所谓的代购包包跟面膜……

呵呵，这个冷漠的世界，我们太容易被激怒，却也更容易学会忘记。

当然我也记得那些温暖感动的话。以前想过将来一定要好好报答这些人，可是后来的日子，我们都为了生活奔波，渐渐地把这些也遗忘了。

成长让我们跟往事干杯，学会云淡风轻。

这份淡然不是冷漠无情，而是被感动的时候痛哭流泪，遇上困境的时候大哭一场，喜欢就去争取，得不到也不再耿耿于怀，尽全力找寻自己喜欢的生活方式。这种听得到自己心跳的节奏，才是获取幸福能力的正确方式。

现在的我，学会了靠近那些愿意分享有趣、温暖、平静，有所沉淀而又不失灵气的人，比起那些反向鼓励的话，我更愿意接受这些平和之人的谆谆教诲。

如果有人念叨你比不上别人家的孩子，比不上别人家的朋友，比不上别人家的父母，那么你要做的，就是要保证自己愿意相信，找到自己比成为别人更重要。

毕竟，爱人和仇人都会老去，而你会陪伴自己一生。

发 呆 片 刻

一个悲伤的灵魂比细菌让你死得更快。

——美剧《行尸走肉》

任何一份感情走到最后都是双方努力的结果，如果仅有一方的努力，那么这份感情也不会走得太长远。

我一直赞同"门当户对"这个理念。至少在大数据面前我们必须承认，门当户对的匹配所造就的婚姻幸福的概率是最大的。

你可以信命，但至少你要保证自己曾经全力以赴过。

PART 5

自 己 挣 来 的 门 当 户 对

自 己 挣 来 的 门 当 户 对

About: 尊 严 这 件 事 , 是 自 己 拿 来 的 。

01

我有一个习惯,喜欢上一个榜样或者偶像的时候,我会一分为二地看待这个人,我寻找他身上我可以学习的部分,至于不完美的部分我也从来不会在意。

后来自己慢慢成熟长大,开始喜新厌旧,这并不意味着我会否定过去自己崇拜的那个人,而是我知道自己的心智在成长,我需要更强大更明亮的灯火来引导自己。我习惯这种节奏,这样能够保证我能吸取不同角度的价值观,来完善我自己的思考。

但是有一个人,却一直是我这十几年来雷打不动的榜样,这个人很普通，就是我的表姐。之所以提到她，是因为在我的留言里看到了一个普通而又悲伤的故事。

自称大龄剩女的安妮说，前阵子她欢欢喜喜地跟男友回老家见父母，男友看到她当时的高兴劲，一直不忍心告诉她真相，直到后来安妮觉得不对劲了，开始追问，男友才痛哭流涕地告诉她，他们全家人都反对安妮。

男友的父母和哥哥姐姐都嫌弃安妮年龄大、学历低、工作不好，而最嫌弃的，竟然是安妮家没那么有钱。她男友家的经济条件并不好，甚至是很穷的那种，简陋的平房，满屋子到处都是苍蝇。

所以，他们将一家的希望寄托在她男友的身上，指望他能带一个白富美回来，改变他们家穷了几辈子的家庭状况。

这个故事的结局是，男友回来后非常痛苦，由于父母的压力，他想放弃。而安妮家本来也不打算接受这个男友，可是看在安妮喜欢的分儿上，他们也就同意了，他们甚至已经准备拿出养老钱给他们在城市里买房。

安妮的字里行间显得很伤心，她说，我不会怪男友没有坚持到底，在这件事上除了我自己很伤心外，让我父母难过才是我最伤心的，即使现在我非常难受，可是我没有时间任性了，我得打起精神努力赚钱，不气馁，好好提升自己，嫁个门当户对的人家。也是通过这件事，她真的知道了门当户对的重要性。

微博上曾经有过一个热门话题，那些曾经跟穷人家的男孩谈恋爱之后分手的女孩，再也不愿意找穷人谈恋爱了，因为觉得心太累。

网友的评论都是两极化的角度，一方面是围绕穷人在经济、见识、格局甚至是情商上的差距，所以无法给比自己条件好一点的女孩相匹配的生活，而且还需要女孩费心思维护他那脆弱的自尊心，因此门当户对很是重要。

另一方面则是一群玻璃心之人，痛骂这个社会的残忍，以及对女孩所谓的拜金女、绿茶婊一类的评判，并且举出一大堆励志例子，诸如蔡少芬对自己的丈夫张晋各种扶持终有今天的论证，来说明是女孩不愿意吃苦，也不是真心喜欢这个男孩。

其实，我们都是站在局外人的角度来看待这件事情的，可是当自己成为当局者的时候，那种纠结与痛苦也只有自己才能明白，每做出一个决定，承受的压力只有自己才知道。

如果放到自己身上，结束一份感情的原因或许不仅仅是因为穷，因为钱可以带来很大一部分安全感，但绝对不是维系一份感情的本质元素。

我不想评价这个话题，我说说我表姐的故事。

02

表姐比我大十岁，我读四年级那一年，她刚刚从师范学校毕业，分配到我所在的小学，成为我的班主任兼数学老师。

表姐家境不好，阿姨家有六个孩子，表姐是老大，她很小就学会了干家务，下地种田，上山砍柴放牛，她算是穷人早当家的典范了。

也是因为这样，她的读书生涯是极其痛苦的，每一年到了开学的时候，家里还没筹够学费，亲戚们很害怕看到她的父母。

考上大学那一年，表姐家一点钱也没有，表姐痛苦了一夜决定去广州打工。幸好当时我妈已经分配到了事业单位，她把攒了很多年的几千块钱，瞒着我爸，悄悄地拿给表姐当学费。表姐来不及哭，在最后一天赶到了市里的大学，交了学费。

表姐在大学时谈了一个男朋友，两人都是彼此的初恋，这个人后来成了我的表姐夫。

表姐夫家里也是农村的，而且比表姐家里还穷。他们家三个儿子，表姐夫排老二，父母东扯西扯，把前面两个儿子送上了大学，第三个儿子吊儿郎当不学无术，干脆留在了家里。

表姐毕业后分配到镇上的小学成了一名老师，表姐夫分配到镇上的政府当一个小职员，他们两人住在表姐夫单位分配的那个小房子里。

就表姐夫的成长状态来说，他是典型的凤凰男。当他第一次把表姐带回老家的时候，他妈妈第一个站出来反对，说我表姐配不上表姐夫，她把难听的语言都用遍了，那些肮脏不堪的恶语我不想重复。但是表姐夫没有顶撞他的母亲，只是带着我表姐去镇上的时候把结婚证领了。

他妈妈知道后，跑遍了他们所在的那个小乡村，撒泼痛骂自己的儿子忘恩负义，大骂表姐是个不要脸的女人。

至于表姐家呢？我阿姨没有钱，在知道自己女儿要出嫁时和我姨夫去山里烧炭，一篓一篓地挑到小镇上卖，行情好的时候卖到五十一篓，不好的时候只有三十块钱。

那是冬日里寒风刺骨的季节，我阿姨两个人每天凌晨三点到山里砍柴，还挑那种很厚的木头，然后拖到窑里烧炭。他们用这些钱买了一些家电和床上用品，又去饰品店打了一条很细小的金项链，就当是给女儿的嫁妆了。

婚礼当天，表姐夫的母亲把结婚酒宴收到的红包一分不落全部收走了，至于办酒席的花费，全部都压在了表姐夫妻二人身上。表姐夫终究没有吱声半句，只是跟同事借了钱，然后在后来的日子里一点点还回去。

第二年表姐怀孕了，生了一个女儿。

本来打算帮忙的表姐夫母亲一听是女儿立刻打包行李回家，嘴里还不停地唠叨。当时计划生育已经施行，表姐家只能生一个，这在重男轻女的表姐夫母亲眼里是天理难容的事。

而那时，刚生产的表姐脸色苍白，平均五分钟哭一次。医生叮嘱不能太伤心，特别是这个时候的眼泪是很伤女人皮肤的，表姐每一次忍不住的时候，就往下低头，拖着身子靠在床边，然后让眼泪一颗颗滴在地上。

这个场景，我永远都忘不了。

　　那段时间我阿姨一直守着照顾表姐，表姐夫每天依旧上班忙碌着。后来阿姨要回家干农活了，表姐就一个人上班带孩子，日子就这样艰难地过着。几年后，表姐家用平时攒的钱加上借了些钱，在县城里买了一块地皮。

　　老家有喜事的时候都喜欢一家人聚餐。饭桌上，表姐夫的母亲依旧没有停嘴骂人，他父亲已经忍受惯了也不出声，表姐夫忍无可忍，拿起一个碗打算封住他妈的嘴，被表姐拦住了。表姐只说了一句，她是你妈，她有多少不是，但是你不能动手。

　　后来，表姐家的房子建成了，表姐夫的母亲提出来想分一层楼给自己的三儿子住。表姐夫说，这件事情你得去问你儿媳妇了，因为这栋房子的房产证上只写了一个人的名字，就是表姐的。

　　表姐夫的母亲灰溜溜地走了。

　　表姐在屋里收拾东西做家务，我看着这富丽堂皇的屋子，然后想起脚下这块土地，感慨着他们居然十年前就有预见购买了下来。

　　我笑着问表姐，要是你当年多买几块地皮，那现在早就成富婆了啊！

　　表姐无奈摇头，几块地皮？那个时候我们两个人加起来的工资不到三千块钱，我们要自己生活，要养孩子，还要负担我们各自贫穷家人的生活……你根本无法想象，为了这十万块钱，我们付出了多大的努力，承受了多大的风险跟心理压力。

表姐接着说，就像十几年前，闹洞房那天，宾客都散去了，她和表姐夫收拾家里，一边做家务一边哭泣，然后是抱头痛哭。哭过之后，表姐夫对她说，既然你们家的亲戚说我没有出息，那我就争一口气给他们看看，至于我妈那边，你知道这是我无能为力的地方，那我们两人就自食其力，不依靠家里一分钱，然后过我们自己的日子。

两人还定下了规矩，每个月拿出一些生活费给父母，因为这是基本的报答原则，彼此老家遇上大小事情也都会帮忙。表姐夫不要求表姐要费心费力孝顺婆婆，但是过年那天要回去，这样他才不会被其他人家议论，这些就够了。表姐夫的承诺打动了表姐，她知道表姐夫需要的就是她给的信心和认可。

表姐说这一番话的时候语气平静，丝毫没有受了这么多年委屈，终于有点出人头地的嚣张成就感。

他们经历过苦难，生活终于给她们回馈了，现在车子房子都有了，他们还计划着在大城市给女儿买一套房子，也想着什么时候去自

驾游。我知道他们的生活一定会越来越好，他们的女儿也会有一个好
未来。

03

回到之前安妮姑娘的故事，我不去批判男生没骨气，也不会维护
他的无可奈何，任何一份感情走到最后都是双方努力的结果，如果仅
有一方努力，那么这份感情不会走得太长远。

至于找人应该找门当户对，这个理念我是一直赞同的。至少在大
数据面前我们必须承认，门当户对的匹配所造就的婚姻幸福的概率是
最大的，但是我们更要明白的是，尊严这件事，也是自己挣来的。如
果我们只会把糟糕的处境归咎于父母，说自己出身不好，那总有一天
我们的孩子也会这样对待我们。

所以，我们只能让自己力所能及地过上比父辈更好的生活，这
也是适应社会进步发展的趋势，而且在这个互联网时代，新事物的
更新更是以立方的倍数进行迭代，这意味着我们的机会更多，选择
也更多。

一个人如果停滞不前，就是一种退步，没有人逼着我们往前走，只是身后万丈深渊，无路可退而已。

你可以信命，但至少你要保证自己曾经全力以赴过。

发 呆 片 刻

听着，谁二十多岁的时候不是穷光蛋。

人人都有要逃避的事情，你选择躲进冷藏室，我选择视而不见和用酒精麻痹。

——美剧《破产姐妹》

爱 是 克 制 ， 更 是 守 候 与 等 待

About: 如 果 我 们 没 有 走 到 最 后 。

　　我收到的来信关于爱情分享跟咨询的故事中，一般会有两种情况。

　　一种是小姑娘类型的，从高中生到大学生以及刚毕业的这一类群体，她们问的问题大多是，我们的父母不同意我们在一起，毕业以后各处异地觉得不靠谱，以及我妈说他条件不好，以后嫁过去了会很苦等等。

　　另一种是工作了五年以上，年纪靠近三十以及三十以上的女生，她们的问题大多为，我都这个年纪了，还要等下去吗？我的收入比他高，他在我面前总觉得抬不起头，即使我说过很多次不会在意的……

还有，我想离婚，跟一个我爱的男人在一起。

这些问题让我了解到每个人在爱情里的困惑，但我不是情感专家，只能根据自身所得，跟大家分享一下我的看法。

先说说第一类人的疑问。作为一个学生党或者刚毕业出来混社会的普通人，我们大部分还在父母的关爱或掌控中，我们需要父母提供经济保障，因此他们也在话语上占据主导权。

在这个阶段谈恋爱的同学中，只要两个孩子成绩都不错，并且能够互相促进学习，那家长一般是既不反对也不会正大光明地同意的。而那些成绩不好的同学，家长肯定是极力反对的，但是拆散他们却不容易，有些真的拆散成功了，有些家长就干脆置之不理了。大部分成绩不好的同学存在感偏弱，不会因为恋爱问题引起注意。当然也有例外，有的成绩不好的学生被老师叫去问话，他们总是会委屈地问，我们也是人，难道学习不好就不配拥有爱情吗？

老师总会回复一句，你那不叫爱情。

大人总是会把自己的观念强加在孩子身上，以爱之名，给孩子们套上各种枷锁。

最好的情况，是一起成长，比如从高中相识到大学相恋，再到就业，从懵懂的爱情过渡到了解彼此后还坚定地在一起，并让彼此越来越好。不过这种美好的爱情并不多见，而且能够成功我觉得也有些小确幸的因素。

　　林夕先生写过一句，有生之年遇见他，竟花光所有运气。

　　现在想一想，又有多少人愿意在一场爱情里全力以赴呢？

　　高中生跟大学生的恋爱，一般都是毕业季分手，因为各自对未来的选择不一样。不过，每一个阶段的爱情都是弥足珍贵的，你要做的就是在这一场感情里好好享受，不要太纠结于以后的事情。

　　至于毕业后的爱情，那就意味着你们已经决定走入下一步了，这是一个最重要的坎，你处于刚刚独立但是又还不够强大的尴尬阶段。家人会逼迫你结婚，尽早找一个不错的人成家立业，在他们的逻辑范畴里，是没有"你到底爱不爱TA"这个思考概念的。

　　这不是他们的错，因为他们的唯一评价标准，就是你会不会受苦。

　　我对于这个逻辑的理解，是一半对一半错。对是因为爱情婚姻都是需要经营的一件事，柴米油盐在所难免。错是因为爱情讲究"对的人"为前提，其次才是谈论过日子的阶段，一个追求平平淡淡的温和之人，跟一个爱情飞蛾扑火的人相亲走到一起，那这日子是一天也过不下去的。

我身边的女生朋友，基本上都是奔着潜力男去的。他们都是毕业几年的人，不一定很富有，但是性格成熟，事业稳定，职场有发展前途。

这一类女生有几个特点，我大致总结了一下。

一是基本上自己也是独立上进的人，收入、外形、性格都不错。她们即使会开玩笑说自己嫁不出去了，但绝对不是宅女，一样会出去扩大圈子，怀着一颗开放的心态去生活。

二是她们之所以能够说服父母那一关，是因为她们会用行动告诉自己的父母，我的工作在进步，他的事业接下来大概是什么样的，给父母描绘一个他们可以看得见的画面，父母自然也就接受了。

三是这些姑娘本身就是成熟的人，无论是生活工作还是爱情中，都是一个愿意承担责任，并且想办法解决问题的人。跟父母沟通的时候，千万不要把问题全部丢给他们，自己待在一边坐等答案，用马薇薇的话，你总不能让你妈帮你怀孕生孩子吧？

人生是自己的，很多人都懂这一点，但生活中问题重重，于是很多人开始妥协，并且寄希望于父母帮自己解决问题，这不是懒，就是不愿意承担责任。

第四就是爱情观的问题了。有些女生经历了很多爱情，依然会对未来充满希望，有些姑娘经历一次挫折，就需要很多年来疗伤。这些都不要紧，要紧的是你愿意等多久，以及打算什么时候走出来，甚至是你还愿意走出来吗？

木心老人写过一首诗，"从前的日色变得慢；车，马，邮件都慢；一生只够爱一个人。"当下这个快节奏的社会，很难一生只爱一个人了，明白了这一点，我们不应该对爱情失去信心，反而要相信下一站说不定会更好。

但前提是，你要挑选成熟的人，人品不差的人，有些人在爱情中甜言蜜语吃力讨好什么都做得不错，一旦遇到难题就会气急败坏甚至动用武力。

千万不要当圣母觉得自己有必要拯救他，更不要给他时间给他机会。脾气可以慢慢修炼，可是骨子里的劣根，很早就已经塑造成型的原则跟性格，这是永远无法妥协跟将就的。

张静初在回应拒绝天价陪酒事件时，意味深长地说过，"你是什么样的气场，就会吸引什么样的人。"第一次遇人不淑可以体谅，如果你总是遇人不淑，那就得考虑一下是不是自己的问题了。

刘若英爱她的师父陈升很多年，上台湾一档综艺节目的时候，陈升说她一句就哭得稀里哗啦，因为太在乎；在她的《单身日记》演唱会上，陈升突然出现演唱了那首《把悲伤留给自己》，她在大笑中掩饰着自己的惊喜跟哽咽，就像个小女孩得到一颗糖果般高兴。

后来的故事，是她嫁给了现在的先生。

蔡少芬年轻的时候被母亲推荐给富豪刘銮雄，据传大刘不仅豪爽地把蔡母的赌债还清，更是赠车赠房，柔情百转。但是蔡少芬从未正面承认过与刘銮雄的关系，更没有像其他女星一样卷入大刘的争风吃醋狗血剧中，就连刘銮雄原配都公开声称，她唯一不恨的就是蔡少芬。

后来的故事，是她嫁给了现在的老公张晋。

看电影《后会无期》，有句台词说，喜欢就会放肆，但爱就是克制。

对刘若英而言，爱就是克制，而对蔡少芬而言，爱更是守候跟等待。

刘若英还说过一句，一个女人幸不幸福，身体会说话。

你的精神面貌要比你身上的任何一件名牌，或者奢侈品都能说明"你过得好不好"这件事情的真实性，那些我们看到的恩爱一族，彼此眼神里到底是热爱还是做戏，我们不是傻子，我们都能感受得到。

真心让我感慨的是，人与人的相知相遇，相爱相守，真是一件小概率的事件，或许也正是因为这样，这一切才显得珍贵而动人。

任何一场感情的来去，如果没有结果，也请好好珍惜这份曾经的拥有，如果凑巧能够走到一起过后半辈子，记得感激自己的付出，也感激对方的付出，但是千万不能计较谁又比谁更多爱彼此一些，人生很多事情都可以用比较衡量，唯独这件事情，不可以。

任何一场感情，赢的理由有千万种，输的理由一个就够了，所以少谈些理论，多一些经营，那些所谓感情专家的书也少看少听，爱情这件事情上，没有偶像或者榜样可以参考，因为你不是TA，你只是你自己。

发 呆 片 刻

DNA 决定了我们是什么，但不能决定我们将成为什么人。
我们是什么不会改变，但我们能成为什么则在一直变化着。

——美剧《破产姐妹》

如果没有你

About：要不要当一名家庭主妇？

01

关于男女朋友交往过程中的金钱支配问题，让我想起了《奇葩说》的一期辩题，伴侣的钱是不是我的钱？

我喜欢金星的观点，她说自己有一年去巴黎的时候看上一个包包，价钱高到了她的财务程度都得考虑一下，但是她想着好的包包是有传承作用的，以后可以留给自己的女儿或者儿媳妇，加上她自己也挣钱，算是理直气壮。

可是就在她准备出手拿下那个包的前一秒，她还是给自己的丈夫打了一个电话，她的丈夫并没有反对她，但是也没有同意她，只是说了一句，"If you need it, don't buy it。If you want it, go for it。"如果只是需要，那就不买；如果是想要，那就买。

我一方面对于她如此理性的德国丈夫而感到敬佩，另一方面更是敬佩金星在自己经济独立甚至收入优于她的丈夫的时候，也能用一种理性的电话沟通请教方式，来表达她对于自己爱人以及这个家的尊重，我觉得这才是过日子的方式。

之前看《中国好声音》，有一个歌手是张惠妹的妹妹张惠春，她的复出让我想起了关于婚后要不要做家庭主妇的话题。

这个话题可以得出很多论断，背后牵扯到家庭财产的掌控权问题。就像金星说的，世上大部分人不会轻易把钱交给别人，哪怕你是法律上的合法伴侣，如果有人愿意心甘情愿交给你，那就是你额外得到的礼物，不足以当成大概率的样本来做典范。

对于大部分人而言，都是从一开始的经济独立，而后过渡到财产共享，但是金星的一句话，又让我惊醒了。她说，我们的钱可以共同放在一起，但是在我的心里，我从来不会把这些就当成绝对是我的财产了，它放在那里是我的爱人对于我的尊重，也是对于我们的未来的守护。作为一个女人，金星说她永远觉得在心里这些钱不归属于她，想明白了这一点，她反而不会难过，而是让自己在精神上更加独立，然后自己继续努力去挣钱。其实我觉得，这一份底气，也是她丈夫尊重她的一份原因所在吧。

02

昨天夜里有个姑娘给我留言，目前辞职在家，男朋友在另一个城市帮自己找到了一份还可以的工作，但她不想去，背井离乡加上男朋友的家境一般，想到以后生活压力可能会很大，于是她怀疑自己是不是不够爱他，想找个更优秀的。

你有没有发现，人一旦焦虑起来，就会把一个问题点发散到很多个层面，于是各种压力跟恐惧感袭来，对爱情也产生了怀疑，当初自己坚定不移的价值观也开始动摇。

两个人如果成家立业生活在一起，选择一个城市是极为重要的问题，但是我很反对那种"为了爱情于是来到他的城市，然后为了他付出了自己的一切"的圣母价值观。很多网友也支持这个观点，比如远离父母没有依靠，只是靠着男友，来适应男友家庭、生活环境等，那么如果发生矛盾，对女方很不利。

我想说，任何一个女生如果为了一个男生要去到他所在的城市，我希望你的这种"为了"不仅仅是"为了"而已，我希望你有愿意在那个城市建立自己的事业，建立自己的人际关系，建立自己对于那座城市的好感的决心跟规划，否则如果你到了他的城市，仅仅只有他的圈子跟世界，那么这份感情的维系肯定也不会长久。

我的闺蜜W姑娘在上海的大企业上班，她的男朋友在深圳工作，她一度想申请调到深圳的分公司来。这没什么难的，但我还是希望她想清楚除了因为爱情，她自己要在深圳这座城市安家立业的决心是多少，受父母影响的程度有多少，想清楚之后，再做决定。因为行动了就代表要承担后果，不要将以后可能存在的不好的结果都归咎于"我当初就是为了他，如果不是为了他，我才不至于落到这般田地"的借口。

演艺圈的夫妻中，我最喜欢的是刘青云和郭蔼明夫妇。婚后郭蔼明就逐渐退隐江湖，但她没有做家庭主妇，如今在家依旧是刘青云做饭打扫家务，郭蔼明负责帮刘青云打理财务。除了把家里的财务收入越滚越高之外，她会去健身逛街，找朋友喝茶，一样参加朋友圈子的活动，不把重心完全放在她丈夫身上。

今年的第34届香港金像奖，刘青云拿了影帝，他在台上说的那句爱情感言至今让很多人念念不忘，"每次我开太空船飞到宇宙，她都有办法让我安全地回到地球。"羡慕之余很多人说,那是因为郭蔼明学历高,会理财会抓经济大权。但是要知道,这世界学历高的女人多了去了,回归到最本质的一点上,是因为她知道自己归隐家庭,但是并没有囿于家庭。家庭主妇于她而言不过是一个生活状态的描述,但是她在精神上,在行动上可是没有半点要把自己弄成纯粹的家庭主妇的意思。

也有人会说那是因为明星家里有钱,有人帮忙做家务打扫,衣食无忧所以也就没什么好操心的。可是你也要知道,婚姻对于每一个人都是一样需要经营的,那些富贵人家的各种复杂恩怨争宠斗争多了去了,放大到整个婚姻观来说,无非就是两个人互相独立,彼此牵制,那才是婚姻维系的一种方式。

这个道理我们都明白,只是执行起来却并没有那么顺利,尤其对于女孩而言,很多时候社会上的一些看起来常规的法则就会轻易改变自己某个阶段的选择,进而改变自己的人生命运。

我身边太多因为当了妈妈,然后丈夫收入还不错的女性朋友,于是想着干脆在家当全职妈妈。这样的选择其实没有错,但是最怕的就是她自己除了当妈妈这个角色,就再也没有别的人生状态了,什么逛街、聊天、朋友聚会也不再会有,她的世界只剩下老公跟小孩这两样东西。

　　我认识一个全职妈妈，她会为了孩子生活得更好与周围的妈妈一起建立一个微信群，做一些健康食物的分享，如自己制作的饼干、果酱等，后来竟然还卖出去了不少的自制食物，后来她又开始组织妈妈们一起学习插花、画画、运动一类的活动。她没有把自己当成纯粹的家庭主妇，于是她的生活更加精彩，她获得了成就感，也让她的老公更加尊敬她。

　　我家里的一个远房姐姐，之前是在事业单位上班，后来嫁给自己的老公后就不再工作了，她的老公很是爱她，每个月给她买很多的护肤品跟衣服，疼爱了她十年，总是说，"你的任务就是给我打扮得美美的，知道吗？"

　　前年我过年回家，她告诉我自己离婚了，我问原因是什么，她的回答是，男人就那样，腻了呗！

　　我问她接下来怎么打算，她说带自己的女儿搬到另外一个城市，老公给了她一套房子，也承诺会抚养女儿到十八岁。她一开始的意思是，我不会要他的东西的，感情都没了，日子都过不下去了，还要这些干什么？

　　家里亲戚知道后慌张不已，赶紧去劝她，"正是因为日子过不下去了，所以你才需要这些钱这套房子给自己一份保障，安身立命比所谓的闹脾气重要多了，不是吗？"

远房姐姐被说服了，于是离开家乡去了另外一个城市，跟自己的女儿生活在一起，我不知道她的未来会怎样，我至今记得她跟我说过的一个细节。她发现自己的老公变心后，有一天她跟老公要钱买东西，老公问她要买什么，家里不是什么都有了吗？她回答说要去买卫生巾，老公摸索了半天才把钱掏出来给她。

她告诉我，那个伸手等待的几十秒里，是她这辈子最屈辱最难受最五味陈杂的几十秒，也是她第一次觉得不能为自己做主的被动滋味有多么痛苦。

这个例子或许有些极端，但不要期待一个男人会爱你一辈子，也不要期待他一辈子属于你。我们自己也都会经常出现各种价值观，过了一段时间觉得不对了，不合适了于是开始推翻，再换另一种价值观，所以又怎么能期待同样生而为人的他，也能保持一辈子只爱你，只对你好的价值观呢？

千万不要拿男人不是好东西那个谬论来安慰自己，更不要奢望通过别人的好与不好的结局故事给自己作出参考，每个人的人生不一样，没有一个人可以参照另一个人的生活方式。

在中国社会环境里，一方面总有人拿那一套"要像男人一样去战斗"来逼迫女人去奋斗、拼搏，另一方面又总有人发出对女汉子、女权主义的批判。在这些形形色色的价值观导向中，我们有些女生会因为年纪大了被人数落是极品剩女，会有人因为在职场里同样努力但是依旧难免偶尔被歧视，也会因为有人宣称我不嫁豪门我自己能够养活自己而被别人议论。这些种种的背后，我们总是忘了，我们作为一个人，我们作为这世间的二分之一个体，我们本就应该活出属于自己的样子。

我们努力赚钱，那是为了自己高兴的时候，也能入手喜欢的一件衣裳；我们成为妻子，那是为了遇上对的人的时候，加入一份愿意照顾另一个人的期待与责任；我们成为母亲，也是为了感知这个世界关于传承力量的伟大……这些种种，之于男人也一样成立，大家不过都是为了在这个社会中活出自己的一份匹配的人生角色罢了。

无论之于金钱，之于地位，彼此博弈不是一件荒唐的事，恰好是最合适的两人相处方式，这个逻辑对于情侣对于夫妻也都是适用的逻辑。我们不需要为了证明你爱我而去设定种种关卡，我们更没有必要因为生活的一些不顺就归咎为"你是不是不爱我了？"一类的疑惑。

　　我们要的是生活本身，我们要的不过是寻找一个能够陪自己走一段的人儿，一起感知分享这个世间的冬暖夏凉。当然如果这个人不能和你一辈子在一起，期待你不要成为怨妇或者怨夫。用佛学的观点来说，任何一种结果都是有原因的，犯不着再去计较过往的日子里，谁比谁的付出又更多一些，因为最重要的，是接下来的人生里，我该过得怎样，我想过得怎样，仅此而已。

发 呆 片 刻

不要放弃做自己，人生很短，根本没时间模仿别人。

——电影《舞出我人生》

我 就 想 和 你 聊 聊 天

About: 沟 通 一 场 的 欲 望 。

01

老家同学发来信息，说最近要离婚，原因是她过得不开心。后来通过了解，我得知她刚结婚六个月，她丈夫并不想离婚，但她觉得两个人没办法沟通，她现在对她老公没有交流的欲望。

现在的年轻夫妻，早已习惯了离婚这件事，我看过的一个调查报告，大到买车买房的经济压力，小到两个人抢电视机或者夫妻有一方打呼噜、不爱干净，这些都可能成为夫妻两人离婚的理由，有时候甚至等不到小三小四的出现，但凡这种不舒服的状态持续一段时间，一个人就会抓狂。

都说语言是最容易伤人的利器，殊不知最伤人的利器是，即使千头万绪在心里，也没有一丝想跟对方沟通的欲望，简称冷暴力。

以前我觉得，一份婚姻，或者说一份感情，赢的理由有千万种，但是输的理由一个就够了，所以我总不爱提起这个看似平凡，实际却是万千复杂的话题。

02

一直以来，我都在跟自己较劲，这种结果就导致了我要跟我的家人、我的身边人去沟通。那段时间我男友开始和我讨论婚姻，而我妈也一直催着这件事，所以当我企图告诉我妈结婚生孩子是我自己的事，她会拿出她为我付出了这么多，而我如此不孝的借口来给我施压，我没有办法跟她心平气和地沟通这件事情，所以需要谨慎对待。

于是，我给了我妈很大一笔钱，她在电话里说了一句，哦，你怎么能攒下这么多钱？我说因为我觉得一个人也过得很好，你也不要担心我嫁不出去。我妈终于停止逼婚。于是我自己有了些许缓冲的时间来思考婚姻这件事了。可见心平气和地聊天才是解决问题的方法。

去年我爸生日，见了二十多年未见的老战友。有个叔叔见我已经长这么大，不觉感慨时光飞逝。我问起叔叔老婆的情况，他说早就离婚了，快六七年了。

我妈一个箭步跑过来，然后说，你别开玩笑了，全世界说谁离婚我都信，说你小黄我是绝对不信的。

我想起我妈曾经跟我说起过黄叔跟她老婆的故事。他们两人是在生产队认识的，黄叔当兵回来分配到镇上的单位，他老婆当时也是在同一个单位的小文员，长得清秀可人，不爱说话，也很容易害羞。他们在一起堪称整个镇上的恩爱典范。

我不由得在一旁问了黄叔一句，那你后来是怎么想的呢？

黄叔说，其实和大部分人一样，结婚之后事业也不错。以前以为她是情窦初开，有些腼腆所以话少，后来发现她真的不爱说话，我们之间很难沟通。我也曾经劝自己，但最后还是觉得她不是一个能和我聊天的人，因为这个还总是吵架。

我问黄叔说，可是夫妻之间生活久了，感情总会变成亲情了啊？

他又抽了一支烟，说这话没错，只是不管是感情还是亲情，当你觉得没有被理解被认同的时候，当你连倾诉的欲望都没有了之后，这種難受憋屈的感覺是要人命的啊！

最後黃叔說，我不是不愛她，我現在依然對她很好，她有個什麼事情我一定是第一時間過去幫忙的人，只是我不想過這種在飯桌上沒有人出一句聲的日子了，僅此而已。

這世上有一種愛情，叫作我不是不愛你了，而是我們走不下去了。

03

回到老同學的問題，她先生也是個不愛說話的人，平日裡走親戚見朋友能推就推，"但即使這樣，我覺得在家裡我們兩個這麼親密的人，他總應該願意跟我說說話吧？"老同學在微信那一頭打出這一排字，加上無數個疑問的表情。

我不知道怎麼安慰她，只是回覆了一句，你要跟他說明原因，讓他明明白白地死心，而不是莫名其妙地就被離婚了，這樣對他不公平，畢竟他從來沒有過要離開你的念頭，而且最重要的是，要給雙方的家人一個合適的交代，免得讓親人變成仇人。

一個月後，老同學告訴我，離婚辦好了，她又過起單身生活了。

我问她，你觉得解脱了吗？

她告诉我说，她本来想着他会狠狠地哭一场挽留，或者发誓要做出一些改变，哪怕是像以前刚谈恋爱的时候，重新试着去以前约会的地方吃个饭也好。可是他居然什么表示都没有，就说了一句"我已经尽力了，我真的不知道你想要的是什么"。

这一刻我想起一句话，都说性格决定命运，或许感情之运也在其中吧。我告诉她，如果可以的话你先离开老家一段时间，因为接下来还会有人继续问你，你老公有车有房事业稳定，性格温顺下班按时回家，放着这么好的人不要，你脑子里到底在想什么呢？

就像钱钟书先生说的，这个世上，城外的人想进去，城内的人想出来，而剩下的就是看着这些围城故事不明真相，也要试图帮别人寻找答案的外人。

心累！

看电影或者美剧的时候，我发现外国人有一种职业叫婚姻咨询师，一开始我以为婚姻咨询师会像所谓的鸡汤大师那样，告诉你生活的一些哲理，教你如何经营好婚姻，但是后来我发现，婚姻咨询师就是充当一个倾听者的身份。

夫妻两人先是分别控诉彼此的缺点，小到不爱卫生不爱洗碗吃饭满桌都是米，大到家里的经济大权的掌控问题，对子女的教育方式，以及性生活不和谐的议题，这些琐事，婚姻心理咨询师都会——罗列出来，然后一个一个沟通。

对于含蓄的中国人，都秉持着一种家丑不可外扬的逻辑，即使遇上很大的婚姻问题，也会在别人面前恩爱如初。可是，如果一个水果长了虫子，不管你给它的外表包上多好看的套子，它依旧是没有办法吃的，婚姻或感情也是同样的道理。

或许还有人记得那一年的香港金像奖，谢霆锋跟张柏芝一起出席颁奖典礼，谢霆锋拿了最佳男主角在台上发表感言的时候，张柏芝在下面泪流满面，可是不到一阵子就出来了两人离婚的震惊新闻。

八卦新闻里说，这么多年了谢霆锋还是忘不了王菲，然后我想起有一期TVB黎芷珊的访谈节目《最佳男主角》里有一期采访谢霆锋，黎芷珊问他，王菲是天后啊！你难道一点压力也没有吗？

谢霆锋回答说，我当年跟她在一起的时候，从来就当她是一个女生来看，而她也从来没有在我面前有过天后的感觉，她就像一个小姑娘一样，愿意跟我分享她心里的一切所想，我们在一起聊得很愉快，这种感觉很好。

04

有一期《奇葩说》探讨的议题是"应该改变成恋人想要的样子吗？"赞成的一边正如蔡康永所说，爱情的本质是体会对方的需求，我们应当为自己所爱的人做出一点改变。

反对的一方则说，我们根本就不知道对方要的是什么，有时候改变错了反而吃力不讨好，或者说我们不应该为了让对方亏欠自己的人情而做出牺牲，保持自己的风格才是存活于世的基本原则。

夜里我很慎重地思考了一下这个话题，之所以说慎重，因为我谈恋爱是以结婚为目的，而且我觉得大部分人都是希望自己能择一人相伴到老的婚姻观。

我知道来这世上一场，我的父母肯定会先离我而去，身边的朋友来来去去，唯独你身边的这一位，是要与你相守下半辈子的人，一想到这点，我觉得这是令人害怕但又无比神圣的一件事。

而在寻找或者相互交往的过程中，沟通和经营，体谅和包容都是必不可少的。但同时，爱情也需要保鲜，遇到那个愿意跟你聊天，或者让你有冲动跟他聊天的人，这是一件需要运气的事情，这也是在彼此眼中都是一种天赋的东西，这种东西叫作默契。

以前我说，默契需要培养，此刻我想说的是，培养的前提是，你还得遇上一个愿意跟你一起培养这份默契的人，否则一切都是空谈。

我相信船到桥头自然直的道理，但是现实中我所遇到的案例，根本不存在"再说"之后的下一步行动，都是终止于分手或者离婚的结局。大部分人只会一而再再而三地错下去，然后觉得自己是苦命的人，老天爷是不公平的。

最后我们没有败给时间，没有败给金钱，没有败给房子，没有败给远距离，有时候也不是精神上的门不当户不对，我们只是败给了那一句，"他再也不愿意跟我说话了"。我喜欢《最浪漫的事》，里面有一句歌词：我能想到最浪漫的事，就是和你一起慢慢变老，一路上收藏点点滴滴的欢笑，留到以后坐着摇椅慢慢聊。

这一句慢慢聊，就是我想要的生活，无论是爱情还是友情，此生不多的时光里，遇上一个愿意对我随时随地说上一堆话的人不多，遇上一个我愿意随时随地说上一堆话的人更不多，如果这两者恰好是一个人，我真的要感谢生活对我不薄了。

　　每天夜里做冥想、祷告是我这两年才开始做的事，因为我发现，那个可以聊得来的人，我也算是遇上了，而我也开始慢慢悟出来，我最害怕的不是不开心，是没有人知道我不开心；不是不能以自己喜欢的方式过一生，而是怕没有人知道我有这个念想。

　　最想要的是，当我慢慢过上了自己喜欢的日子，我在乎的三五个人，依旧还是那些原来的面孔。我们可以无话不说，偶尔沉默半天无人应答，也不会觉得尴尬。

　　繁华都市，车水马龙，冷漠沧桑，我们的灵魂需要一场归宿，更需要一份你情我愿的冲动与温暖，你是一个人，你也不是一个人。

发 呆 片 刻

　　对每个人来说意识到自己孤独地活在世上都是震惊无比的。

——美剧《绝望的主妇》

等待与你并肩遨游人生的那个人

About：如何寻找适合自己的另一半？

有女生问，跟男朋友经常吵架，觉得彼此不合适，不知道怎么办，问我不适合的恋人有没有可能变合适呢？

每个人对这个问题的回答都会不一样，我只梳理自己觉得可以参考的部分。

有几个需要分析的定义，第一个是不适合。

这个不适合是你自己定义的不适合，还是别人眼里的不适合，又特别是你爸妈所认为的不适合？

如果是前者，我觉得没有多大分析的必要，如果对于一个人你起初没有多大的感觉，在高潮来临前TA都没有办法在你心里激起一丁点儿的涟漪，那就更别谈后面的进一步发展乃至更多的恋爱快感了。

至于你判断自己对于一个人是否有好感，你是会有生理反应的，心跳加速，紧张不已，局促不安，些许躁动，有些口渴，甚至不由自主地脸红，哪怕你是个淡定逆天堪比梅长苏那般的性冷淡表情高手，遇上属于你自己的霓凰郡主的时候，眼神是不会出卖你自己的。

虽然说"跟随我心"是很矫情的一句话，可事实就是如此，如果能让你有感觉的人此刻出现在你眼前，那么最简单的判断就是，在茫茫人群中，TA是发亮的！

如果你还是不愿意承认，那你就看看自己一开始在谁面前比较容易出丑尴尬，那么就应该是TA了。

为什么？

言不由衷，情不自禁。

然后是别人眼里的不合适。

我们作为俗人，生活在这个社会中，我们势必要咨询、请教以及听取其他人的建议，同龄人会用他们的恋爱经验告诉你，这是渣男，这是绿茶婊，TA的面相一看就是个坏人，TA看上的是你的钱……

至于长辈呢？他们更有理由了，不为什么，只因他们吃过的盐比你吃过的米多。

他们会苦口婆心地告诉你，他们当年自己犯过什么错误，他们不希望你也走上他们的路，尤其是父母自己本身不够幸福的时候，他们会告诉你，不要找穷人，不要找懒人，不要找脾气坏的，更不要找农村的。

可是试问这个世界上，又有哪一种绝对的标准参照判断这个人就是穷人、懒人、坏脾气？至于家里上辈子是农村人就不能嫁，那按照中国的城市与农村的比例，这世上得多少人断子绝孙？

幸存者概率不可完全信，同样的道理，遭遇者概率也一样。

你不能因为自己遭遇过挫折、痛苦、失败，甚至绝望，于是你把自己的人生选择作为失败案例，号召别人不必过得像你这般，毕竟恋爱、婚姻这件事情，一个巴掌是拍不响的。

同样的，父母也会告知你，你最好像隔壁家的谁谁谁，找一个有钱的、工作体面的、对方父母性格好甚至比较软弱的，可是你怎么知道有钱的人家看不看得上你，工作体面的TA背地里是不是个花天酒地之人？至于对方父母好欺负，那你怎么不问作为父母的他们，是否也是和善好沟通之人呢？

第一个定义就分析到这里，如果是你自己觉得合适之人，那就尽量尝试投入，如果自己一开始觉得就不合适，那么也不必勉强。作为以恋爱为前提而在一起的理性一族，这个没感觉就可以判定没有必要进行下去了。

而至于是外人眼里不合适，哪怕是你自己的父母，你都要梳理清楚其中的逻辑，那就是他们是真的处于客观的角度为你的TA做出不适合的评价，还是他们因为过不上好的生活，于是觉得别人也不应该拥有对的感情，以及纯粹的面子问题？

第二个定义是合适。

怎样才叫合适？

取长补短，你情我愿，情人眼里出西施，这些在恋爱初期把对彼此的评判都放在美图秀秀的功能后过度美化的，都不算是真正的合适。

所谓合适，应该是你们习惯了彼此不好的那部分，你们还愿意接受彼此，并且愿意携手走下去。

用冯唐的话来说，我们彼此相爱，就是为民除害，不过如此。

当然还有一种合适，就是龙应台所说的，你需要的伴侣，最好是那种能够和你并肩立在船头，浅斟低唱两岸风光，同时更能在惊涛骇浪中紧紧握住你的手不放的人。换句话说，最好TA本身不是你必须应付的惊涛骇浪。

以前我不明白这一点，后来我渐渐体会到了，与你携手一起的人，必定不应当是你要倾尽精力去对付的人，TA应该是辅助你成为更好的自己，而不是让原本还不错的单身生活变得一塌糊涂。

虽然命运论里有一种论调，说夫妻是此生来偿还彼此前身的债，如果一方欠另外一方太多，那么今生也会成为婚姻里的苦行僧，一辈子都在痛苦与郁郁寡欢中承受而过。

这个逻辑我不敢妄加否定或者认同，我只想说，我们既然容易依据这世间的任何一个说法为参照标准，那么我为什么不选择积极向上、相互扶持的那一种论调呢？

当然了，如果你们接受了彼此的不完美，不但不需要痛苦地去承受，而是相互让彼此的长处更好地发光，这就上升到一种灵魂伴侣的境界了。

可这世道太残忍，终不可能把所有美好平分给每一个人，于是我们自己要去争取想要的东西，学会经营自己的幸福。

说到这里，终究还有无数人看懂了那么一点之后，又陷入具体的或A或B或C的对象选择参考中，毕竟这是自己的人生大事，真是马虎不得。

可是从大数据上来说，你如今看起来很慎重的每一个选择，在得出了失败的教训之后，依然会觉得这份经历是有用的，所以我的建议还是，你得让自己学会接受要有个试用的过程，而后才是正品的进阶阶段。

所以综上所述，如果一开始你心有所动，那就不论外人为你判定这个人多不合适，你自己要全力以赴投入一次，不是为了向别人证明我是对的，你们所说的不合适，最后硬是被我掰成了合适。

目的在于，你不能让自己此生后悔，就像《港囧》里徐来喉咙里的那根杨伊鱼刺，《夏洛特烦恼》里夏洛穿越梦里的秋雅，无论之于男人还是女人，借着"早知当初"以及"我本可以"的理所当然为自己的中年危机发骚立牌坊最是恶心。

而如果是你自己一开始毫无心动，并且你还年轻，不急着要一份恋爱经验，那就把最好的回忆留给自己主动所爱的人。

但是如果你一开始没有感觉，并且是到了被逼婚的年纪，这是现在的社会实情，你可以从做朋友尝试起来，这样自己的心理负担就没有那么重了，毕竟无论是荧幕还是现实生活里，不起眼的备胎还有暖男，以及多年异性闺蜜变情人，这也不是没有可能的事情。

千万不要一下子堵死所有的可能，否则老天爷都救不了你。

对于这个议题，说到这里我能够说服自己的部分是，不适合的恋人一定会有可能变合适的，因为当你发现这个世界上其实最合适你自己的人只有另外一个自己，这份悲观主义者的底线反而更能让你以包容的心态去等待、守候、遇见以及磨合自己"可能"合适的那个人。

毕竟这个"可能"的检验过程，要做的实在是太多了，因为我们都知道，对于任何一份感情，赢的理由有一千万种，输的理由一个就够了。

我们听过千万人的建议，甚至是自己内心的左右脑两个小恶魔在斗争，但是终究能够陪同自己此生的人可能就那么一个，你只要明白任何的抉择都在于你自己，有时候跟随你心比对错本身更是重要，因为感情这条漫长道路上，说得薄情一点，叫做冷暖自知，说得有期待一点就是，女友罩杯大小，男友寸有所长，爽与不爽，谁用谁知道。

从肉体到精神，让自己的人生爽起来，这才是正经事。

发 呆 片 刻

我爱你不是因为你是谁，而是我在你面前可以是谁。

——电影《剪刀手爱德华》

我们都在计算自己的生活，我们选择一种自己觉得最划算的方式，这个世界里，没有谁对不起谁，有受害者心理之人不适合生存于这个残酷的社会。

○

PART 6

我 们 都 是 主 动 选
择 了 一 种 生 活

〰〰

根本没有一种活法叫早知道

About：人生从来没有彩排。

01

"早知道"这三个字，曾经是我妈的口头禅。

我每次去香港都会给我爸妈买一些家里备用的药品，后来时间长了，邻居们也会过来询问能不能也给他们带一些回去，我也会一一答应下来。我告诉我妈港币换成人民币是多少钱，如果邻居要的多，就管他们多要一二十块钱劳务费。

我妈是那种脚踏实地赚钱的人，说起多要劳务费她感觉很不安，于是我为了说服她就说了几点，一是香港的药品他们一般接触不到，之所以找我代买就说明这是稀缺资源；二是去香港买东西没有那么容易，住宿吃饭需要花钱，买东西排队也得浪费时间；三是现在代购这种事很常见，而且基于你情我愿，是公平交易，没有违背道德，换句话说，就是我应得的。

后来我又和她说起，其他代购收的费用更多，比如奶粉、化妆品，咱们收的并不多。

但经我这么一说她又觉得自己亏了，说早知道我就多和邻居要一点了，现在已经说定了，感觉无意损失好多钱。

我开始严肃地回复我妈，我说你这不叫吃亏，你只是发现自己本可以赚更多的钱，而且我们已经说了是多少钱，守信用是我们家一贯的原则，这不是你教育我的吗？而且你并没有吃亏，你只是因为不能赚更多而闹心，但是这个逻辑是不对的。

这一次，我妈终于被说服了。

关于我妈的"早知道"理论，还有第二件小事。

在我毕业第二年，我想给父母换一套房子，我家的小镇上没有商品房这个说法，都是自己建一栋楼房，但是地皮需要买。

我爸祖上是渔民，我妈在事业单位有稳定的工作，家里面都没有田地。想要盖房子就要从我表叔手里买地皮，那时候商量好的是一块地皮十一万，我觉得还比较合理，但当我要求拟合同时，我妈又觉得亏，因为在她的认知里，以前一块地皮也就值几千块钱，现在涨了这么多，觉得不值得，是表叔黑心。后来她想了想决定缓一缓，心里想她不着急，表叔那边一定着急卖。我虽然清楚这不是赶在小摊贩下班前买他们的菜，地这个商品降价是不可能的，但依然没能说服她，于是这件事就这样算了。

第二年的时候，我妈突然问了我一句，要不我们这一次把地皮买了吧？钱是努力挣来的，抓在手里并不会升值，还是把房子建起来再说。于是，我和我妈一起去表叔家，但被告知地价又涨了，表叔也看在亲戚的面子上少了五千，只把价格升到了十三万五千，我想了一下觉得也说得过去，但是我妈还是很震惊，好似下一秒就要怒气冲天。她有高血压，这是我最害怕的地方，我赶紧把她拉到一边，安抚了好长一阵子，然后说这个事情由我来处理。

然后也是这个价格，我悄悄把合同签了，本来打算瞒着她把这多出来的两万五悄悄垫付了，但到了后面，我还是决定把实际价钱告诉她。我说了我表姐和表姐夫白手起家买地的事情，从那时候的九万买下，到现在市场价变成三十五万，所以买地其实也相当于投资，但那个年代的投资机会我们错失了。

　　我还告诉她，我希望以我的能力，让你跟我爸的晚年都能过得安心体面一些，这是我可以努力做到的部分。我希望通过这两万多块钱的教训，让你明白这个世界的运转规则已经不是以前那样了。

　　那些新闻上的各种专家再怎么众说纷纭，这个国家的房价也不会一夜回到解放前。你要明白的是，每一个时代，每一个阶段，都有它的社会规则，都有它的赚钱与花钱原则。

　　那天夜里，我一直在不停地说话，我妈就在我身边听着，既不发问也不反驳。

　　我把我们家庭过往的每一个小细节的变化，结合当年那个时代的发展，让她一步步明白这个社会在慢慢发展。

　　这期间我妈就插了一句话，可是一想到还是多掏了两万五，我真是心疼。我回答说，在你的赚钱能力里，可能要积攒很久才能有这个数目，但是对我而言，这是我的半个年终奖，我就当自己这一年的收入没有这么好算了。

　　而且你要知道，我的赚钱能力只会比以前更好，这才是最重要的。她终于不说话了。这是我人生里第一次敞开心扉深入地跟我妈聊天，我不知道自己有没有真的说服了她，我也让她有个愿意接受的过程。

　　自从这件小事过后，我做的很多选择，她都没有过度干扰。

有一天我妈给我电话，说起一件小事。

她说最近街上来了很多外地人在推销家具，锅碗瓢盆一类的小件都白送，好多邻居都去拿了，后来那帮人说家具一块钱一件，邻居们想这稳赚不赔，还叫上了我妈，但是我妈回绝了。后来那帮邻居们花了三万多买回的家具，后来发现竟然都是坏的，没有可以卖出去的。

我笑着开我妈玩笑，你怎么就没有被套进去呢？

我妈说，一是天下没有免费的午餐，一开始的白拿试用，肯定就是抓住了我们这些小市民贪小便宜的心态，我虽然也想挣钱，但是我也分得清正当手段跟贪小便宜的差别。

二是你之前告诉过我，这个时代跟以前不一样了，太多的外界力量冲击进来，我们这些老一辈人需要一个接受的过程，在我还不能马上判断这个事情对与错之前，我还是要学会观察与克制。

这一次，我终于在心里彻底放心，她绝不会成为别人眼中那个会被忽悠，买回一堆无用保健品的老人了。

我妈又补充了一句，那几个后悔莫及的阿姨，现在还在念叨着悔不当初，早知道就不该那么傻。

这一刻我突然发现，这两年的时间里，"早知道"这个词，越来越少从我妈嘴里说出来了。

我记得毕业那一年,她会告诉我隔壁家的小孩考了公务员,早知道你也回来报考就好,现在过得多体面。

三年过后,她告诉我还是原来那个公务员小孩,因为自己在家无聊至极,于是闹着要去大城市里做生意,父母死活不同意,后来他离家出走,到现在也没有回过家乡。

这样的小事还有很多,每一次我妈都跟我说,幸亏我当初没有阻挠过你的很多选择,因为我觉得你这样也挺好的,你能经常回家看我,你每个周末跟我打电话聊天,你对我嘘寒问暖尽孝,我觉得自己很有福报。

你看,我们的父母也是要被教育的,而且他们的想法也是会改变的。

02

前几天我打车,司机师傅告诉我说他们前一天罢工了,深圳所有的的士司机全部集中在一片地区,跟政府抗议,说互联网打车软件对他们的冲击太大,要求有关部门限制甚至取缔这么一个方式,好给他们一条活路。

我问司机师傅，那您现在一天下来收入大概有多少？

他回答，有时候就一百多，根本不够养家。

我再问，那您有想过去做点什么别的工作吗？

我能做什么呢？这一行我做了十几年了，我不知道自己还能干什么，即使有那个心思，也没有那个能力了。

我再一次深刻体会到信息时代对于我们这个社会的冲击，就如同罗振宇说的，在北上广深这些城市里，我们每一个人都活得像一个国王，无数花样百出的应用软件里，随时随地都有几百个司机、厨师、外卖员、健身教练、按摩师傅、清洁阿姨随时候命，等待我们为自己的衣食住行享乐需求下订单。

这些状态对应的另一面，就是越来越多的传统工作模式渐渐失去价值。

如果说我们的爷爷奶奶辈跟父母辈的代沟是十分，那么父母跟我们的代沟就是一百分，这是一个平方速度的差距，不管你愿不愿意承认，大部分人的家族沟通就是这么一个状况。

比较幸运的是，我们这一代人因为是互联网时代的移民，我们跟下一代的差距和理解都不会太大，所以代沟差距自然也不会那么可怕。

03

这是最好的时代，也是最糟糕的时代，这真是一句神奇的句子。就如同前段时间出来的国家取消晚婚假期的政策，再到二孩政策的开放，那些你不敢相信的"活久见"其实每一刻都在上演，大到国家政策，小到每一个个体的生活变化。

这个世界里，最大的不变就是变化。

这就是我经常叮嘱自己的，拥有危机意识不是一件坏事，它能让你在最坏的结果到来之前，通过几个步骤去规避掉，比如说选择一个合适自己的专业，认真挑选人生第一份工作，更重要的是挑选一个对的人，经营一份自己可以驾驭的婚姻。

最重要的是，花那么一点时间，想想自己这一生想过什么样的生活，你能实现的程度是多少，倒推回来你现在应该开始着手哪一步了，这样你才能找到一个对的方向，然后去寻找那份可以匹配你想要的这种生活的工作、事业、朋友以及伴侣。

如果你草草了事应付生活，总有一天生活也会反过来玩弄你。

如今我妈再也不提"早知道"了，我也不去纠结那么多的"早知道当初就该怎样或者不该怎样"了，我要顾及的是当下我能把握的此刻。我跟她都在进步当中，这是一件好事。

　　而且重要的是，与其想着早知道不是那样，我的今天或许会是另外一番模样，不如告诉自己，既然我知道当初那一个选择错了，我不能再来第二轮才是。有太多人因为第一次的判断错误，而陷入万劫不复的深渊，于是恶性循环的生活周而复始，一生也就这么过了。

　　有个男生留言问我，你怎么理解"永远年轻，永远热泪盈眶"这句话？如果打过这么多鸡血，也过不好这一生该怎么办？

　　我的回答是，人生一开始有些事你没得选，但是后来等你长大有能力了，很多事你是有得选的，这才是我们努力奋斗的理由所在。

发呆片刻
————

良好的判断力来源于经验，而经验则往往来自于错误的判断。

——电影《机械师》

你嘴上说的就是你的人生

About：念念不忘，必有回响。

　　刚工作那会，董事长给我们新员工做分享大会，那个时候我一直把这个事情定义为洗脑，可是事后我回忆起这些过往，还是觉得没有白白浪费。

　　董事长是个六十多岁的老头，手上有六家上市公司，那一天的培训课上，他给我们放了美国纪录片《秘密》。

　　这是美国Prime Time公司隆重推出的一部纪录片，该片堪称成功学、财富学和人生指导的经典之作，片中动用了许多重量级的专家学者，加上精彩的故事演绎和精美的影片制作，极具说服和震撼力。

　　自从《秘密》面世之后，风靡了整个科技导向的西方国家，继而开始蔓延到我们国家，人们对自然法则"吸引定律"掀起了很大的争议。所谓吸引定律，又称吸引法则，是指世间万物皆由能量或者振动频率组成，相同的振动频率相互吸引，并引起共鸣。

也就是说，人类的意识也是能量的一种，正面的思想会促成积极的结果，反之负面的能量则会吸引不好的结果。

"当你真心渴望某样东西时，整个宇宙都会联合起来帮你完成。"

当我第一次看到电影里的这句台词的时候，我认为这是赤裸裸的精神传销，简直和洗脑没什么区别。

后来我抽空把这部电影还有书籍看过一遍，然后就又陷入了日复一日的工作当中，这件事情就被我渐渐淡忘了。

当然关于吸引力法则这个东西，其实跟心态调节的理解方式差不多，就是一件事物呈现在你面前的时候，你用什么样的心情去迎接它。

我们听过很多的励志故事以及心理学分析，我们知道好的心态对于自己的工作生活很重要，可是大部分人在生活中遇到挫折的时候，他的应激反应绝对是直接的，在那样的紧急时刻，他根本来不及衡量自己该如何去做出反应这件事情，他只是下意识了。

也就是说，心态调节这件事情，是需要被训练的一件事。

以前我不相信这一点，因为我很难去接受别人给我灌输的观念，可是后来我自己印证了这件事情，至少我如今已经从刻意训练自己的乐观心态，慢慢变成了自发地用良好的心态去处理自己的情绪了。

之所以想提起这个话题，是因为我自从开设了答疑解惑的邮箱之后，每天会收到很多故事，而在大学生的群体里，基本上十个人当中有五个人会跟我说，我觉得自己对什么都不感兴趣，我觉得自己一无是处，我觉得自己就是废人，我还不如死了算了！

……

一开始我不以为然，因为即便我之前活得很艰难也从未想过自己是无用之人或者认为自己是社会败类。所以，我以为这只是纯粹的一小段抱怨，也是一个小概率的群体问题，可是当这个数量达到一定的积累，我觉得还是有普遍存在性的。

我想起之前知乎上谈论过一个话题：为什么有的同学家境不是很好，还不用功读书？

很多人从阶层差别的角度来解读这个问题，然后延伸到中国很多偏远地区的无奈，然后来一句"有些人光要活在这个世上，已经够艰难了"。

也是噎得我无法辩驳。

我的童年经历，以及远房家的亲戚里看到的贫困故事，让我总会对这样无可奈何的现实故事萌生同情以及叹息。

但是从另外一个角度而言，我觉得这些给我留言的大学生，不管你当年如何历经艰难才考上了大学，已经算是从千军万马中脱颖而出了，既然你走到了这一步，就更不能拿倒推的价值观为自己的堕落和不努力披上一层保护的外衣了。

人都是害怕被戳穿的，所以总是期待别人能给自己一个安慰，尤其是玻璃心的人，当被别人告知你的根本问题就是不愿意去努力，不愿意去行动的时候，他反而会气急败坏地说你不理解他的处境，说你不能把"我是个没穿衣服的国王"这件事情抖出来……

别说国王了，你甚至连个小兵都不如。

一个人如果对自己的人生价值产生否定意识，这种状态会导致他不再相信努力会有成果，继而不再愿意投入精力于当前的处境中，于是就开始恶性循环了。

这就是马太效应强调的，强者愈强，弱者更弱。

同样的道理，一个胖子如果没有体会过瘦下来的滋味，那他想必也没觉得瘦下来有多好，但是如果反过来推断，一个曾经享受过清瘦带来的快乐，那么他就不愿意再回到过去肥腻的状态中。

回到知乎上那个关于"有的人家境不是很好还不用功"的话题，我最喜欢的答案是一个程序员的分析，他的观点是，许多时候，人的潜力是需要被激发的，"那些在任何领域混得出色的人，甚至是码农，我建议在盲目崇拜他之前，先去调查一下他家庭成员的情况：一定不止他一个人出色"。

其实安于现状也是一种正常的生活方式，但是最可怕的事情是没有欲望。

前阵子有个女生给我留言，说自己不是那种要去大城市折腾拼搏的人，她只想有一份稳定的工作，然后孝顺父母就好，可是她担心自己在家里的小城镇会很无聊。

我给她说了我的一个小学同学的故事，我就叫她潇潇吧。

潇潇大专毕业后在我老家的县城政府部门当一个文员，工作不算辛苦，她每一个年假都会出去旅行一番，这几年下来广州、深圳、香港、澳门她都了玩一圈。她虽然也没什么大志向，却有自己的交际圈子，自己的爱好，并在县城租了一个房子，与父母保持着相对独立自由的状态，她懂得把自己平凡的日子过得有滋有味，有温暖有快乐。

她曾经和我说，我承认我不敢冒险，我没有这个勇气，但是我也不至于让自己陷入在老家无聊的状态中，日子都是自己经营出来的。

日子都是自己经营出来的，又有多少人能够体会到这一点并且愿意去行动呢？

我承认，身边如果有一个榜样愿意引导我们一下，我们会处理得更好一些，比如睿智的前辈，有见地的家人。但如果我们一开始就需要依赖这些外在的扶持，那很多时候我们还没有等到人生的贵人出现，自己就把自己否认到无可救药的地步了。

他人的扶持、引导、建议甚至是狠狠的教育，充其量也只是锦上添花而已。

如果说我们在年少的时候所经历过很多的人生转折点，现在回想都有一些刚好对的人出现为我们做了指引，那么如今我们作为成年人，我们就要用成人的思考方式去问问自己，如果没有人帮助自己，那你为什么不去寻求可以给自己帮助的人呢？

也是从这个时候开始，我开始倒推去，想起当年接受的那个吸引力法则理念，虽然起初我理解的不是很深刻，其实冥冥中我自己已经在运用这种能量了。

我朋友圈里也有不少事业生活都经营得不错的前辈，每次跟他们请教一些人生难题的时候，一开始他们也不是马上就给我反馈的，好在我有足够的耐心，我愿意自己一边梳理着自我，然后把每个阶段不同的思考向他们分享。

于是突然有一天，他们就愿意给我很多实用性的建议跟价值观的引导了。

有时候我也会用吸引力法则去理解这件事情，但更多的时候，你得先是一个有自愈能力的人，你要承认自己不完美的部分，你也要思考几种可以解决的方案。

当你明白利弊，懂得分析这件事情，那么当你需求帮助的时候，总会有合适的那个人出现，锦上添花般地帮你捅破自己还没有清晰明白的那层薄纸。

我以前但凡做一个决定时候，总是喜欢倾听很多人的意见，所谓取百家所长嘛，可是后来我发现这个方式是不对的。

每个人会基于他当下的人生所得，给你他所认为对的选择，而且你要知道这个世界上不可能存在一种可以完全理解你的人，有时候甚至你自己也还没有完全理清楚想要的是什么，所以这样的百家之言有时候也会变成一种负担。

我自己摸索出来的方式是，自己内心有一个大的方向规划，落实到具体的步骤执行，可以自己先来一轮利弊轻重占比分析，而后你自己心里肯定早就有了一个答案。

最后你要做的，就是找到愿意支持你这个选择的一个或者几个人，用他们的外部推力帮助你更加坚定这个选择，给你更多的动力就好。

至于你自己都无法说服自己的那个选择，那也就没有必要拿去给别人帮你证明合适与否了，即使别人认为这是合适的，可那是你自己本来就否定了的选项，这不是徒增烦恼吗？

电影《秘密》其实还阐述了另外一个观点，上帝也不知道你的人生会如何，只有你是你自己的创造者，你决定了你的生活和未来。

有时候当我们觉得冥冥中有一种力量在支撑或者指引我们的时候，其实那不是一股外在的力量，或许这股奇妙的磁场源泉就来自于另外一个自己。

就连台湾作家张德芬也在她的灵修小说《遇见未知的自己》中写到，"亲爱的，外面没有别人，只有你自己。"细细想来，我们的确就是按照自己的内心来看待、反馈以及塑造周围的世界。

即使我们的人生不一定会马上很好，但是你自己千万不要再往负面的自我评价中去设想了，你嘴上念叨着你就是个失败者，你说自己一直都是个穷人，你觉得自己注定屌丝一生了，这样你身边的人也会慢慢远离你。

我愿意分享自己的思考逻辑，我也愿意解答一些我可以给出建议的问题，但前提是你得让我觉得，你值得被给予解答，你值得被给予帮助，所有寻求帮助的前提都是，你值得。

所有的不幸都是你自己造成的，同样的，所有幸福也都掌握在你自己手中。

我们总说念念不忘必有回响，但前提是我们得在行动的路上，天上掉下一个大饼的时候，你得拥有接住它的资本不是吗？

发 呆 片 刻

没什么比信仰更能支撑我们度过艰难时光了。

——美剧《纸牌屋》

愿你永远生猛下去

About: 也许无趣的不是生活，而是我们没有坚持有趣的活法。

01

前阵子我的家人来了深圳，我陪同他们一起游玩了十多天的时间，然后把他们送了回去，这几天夜里整理照片，挑了几百张出来，今天去照相馆把照片洗了出来，然后买了几个相册，把照片按照游玩的场景一一排列。

最近这两年，我开始有意无意地将自己来到深圳的照片整理出来，做成相册带给我爸妈。后来发现他们很喜欢翻看，我才知道这个小小的举动竟然也给了他们这般慰藉。

后来有一次，我突然发现我和大学就相识而且是很好的朋友的W小姐竟然没有一张合照，我觉得很恐慌。和她说了之后，她说她也发现了，她跟自己爱的人，合照都很少，少到几乎没有，往后的日子里，一定要把这一切补上。

嗯，此生未完，此生未晚。

02

我在广州的闺蜜L小姐，每个周末在家都会犒劳自己一顿家常菜，桌布是时尚编辑樱桃小姐的摄影师先生私人订制的，一个人她要吃上四五道菜，每一个盛菜的盘子各不相同，都是她去一家家小店里淘回来的。

饭菜出锅，她会拍个美图，然后打开音乐，开始一人食。

我的同事YOYO小姐是个极度甜品控，她的原则是每个星期一定要吃上一份提拉米苏或者是马卡龙，不搭配任何咖啡、茶饮，就这么一口口地吞下去，满意至极。而这个习惯她竟然坚持了三五年的时间。

YOYO还是个爱美的姑娘，每个月会做一次指甲，换各种颜色，如果觉得做得不好看可能过个几天她又吵着要去卸掉。

我总是笑她太矫情，她每次都是理直气壮地回答我，我这双手一天八小时以上的时间都在键盘上作图，时时刻刻在我眼前晃来晃去的，要是我心情不好，又怎么能做好工作呢？

如此借口，我也是无言以对了。

我有个女生朋友，每次恋爱遇上挫折的时候，就会去翻鸡汤大神陆琪的微博，看他写的大段鸡汤，自己一个人哭啊哭。以前的我总会劝说她，你不要代入感这么强，女友总会反驳我，我也不是这么矫情的人，但是人总有累的时候，我失恋了找不到发泄的去处，看到几句戳心的句子，就想好好哭一场，这样也有错吗？

那一刻我突然发现，这个世界上的每个角落，每时每刻都有人正在失恋，正在失业，也有人考试考砸了，还有人正在痛苦的婚姻中挣扎……因为存在，所以与其把这些痛苦埋藏在心里挤压成抑郁，还不如找一个出口发泄出来。

以前我瞧不起那些矫情的人，我也害怕被别人说是矫情，于是我给身边人的印象就是，达达令你心事太重了！

以前患过很严重的失眠症，尽管L小姐会开玩笑说，得了一种叫很晚也不想睡觉的病怎么办？但是我自己心里知道，一旦这种状态出现了病态，那必定是很严重的事情了。

我不记得自己是怎么走过来的，读书，跑步，做饭，逛街以及码字，总之就是慢慢走出来了，有天读到冯仑的文字，他说没有方向是最大的恐惧，你走路时只要心跳跟你的步幅是一致的，人就不会觉得累，甚至可以边走边睡。

我想，没有方向感，应该就是我夜夜在床上辗转反侧的最大原因所在吧。

很多人给我留言，问我每天码字的意义是什么？我想了很久，也不知道如何回答，有天夜里看到一个姑娘给我留言，她说这是我第二次跟你说这句话了，认识你愈久，愈觉得你是我人生行路中一处清晰的水泽。

诚惶诚恐的另一面，我所能表达的是，码字的过程，除了记录我本身的思考以外，我会发现这个世界的角落里，很多人跟我是感同身受的，我没有资格拯救别人，但是一旦你发现有人与你同在，这种力量会强大得惊人。

也就是说，没有这些文字记录的琐碎念叨，我也能活得下去，但是如今有了这个文字陪伴的状态，我就觉得自己再也不能丢失这部分了。

还有人给我提出了很多的社会问题，希望在我这里得到解答，作为一个学新闻出身的人，说实话我本来应该期待着每天都有大事件出现，唯恐天下不乱的，可是我发现自己竟然离这条路越来越远了。

我一样关心国家政治经济大事，也一样会因为一些民生跟社会问题无可奈何，遇上一些恶劣新闻事件的时候，我也在心里咬牙切齿要把犯罪的人关进大牢，甚至是狠狠整治一顿。可是另一方面我明白的是，一切的根本问题是深层面而复杂的，我们不能任由自己的情绪被他人的意志所控制。

闹哄哄的大事来临之前，先站在第三者的视角问问自己，这样的方式是不是可取的呢？

《南方人物周刊》的主笔记者易立竞做了一档访谈节目叫《易时间》，有一次采访了柯蓝，柯蓝透露，目前正在投资拍摄有关打工子女的纪录片，她不会代表任何一方的观点，也不为任何人发声。

柯蓝说，自己不会称呼这些人为"弱势群体"，因为不喜欢用这样的词汇去侧面说明自己所做的事。

在她眼里，无论是事业还是公益，都需要远离主流大众，警惕所有的热情和关注。

这场冷静的对话采访，让我看得很是过瘾，可是看到视频下面大部分人的言论，都是觉得这一切都是杯水车薪，更有人评论说柯蓝早就不红了，没有必要讨好大众来获得人气。

我不去评价公益这个角度的事情，我想从柯蓝个人入手，一如既往的是我秉持的那个价值观，我们来这世上一场，每个人每个阶段的状态不一样，我们没有资格拿自己的言论跟态度去绑架别人，而且重要的是，年过四十的人难道就没有资格探讨规划人生这件事情了吗？

对我而言，最怕的不是知道人生本来就是前路漫漫，而是知道一生到头来不过就是一场归去来，于是就找借口让自己这么将就着过下去就算了。

03

我朋友圈里的一个姐姐，前几个月跟自己的老公还有不到两岁的女儿，开始了一场环游中国80天的旅行。她在微信上直播自己每一天看到的风景，偶尔还有大草原上或者是雨后彩虹的小视频，每到一个地方也会寄出一堆明信片给大家。

32岁那一年，她做到了一家知名汽车品牌全国第一的市场部负责人，34岁得到了一个女儿，于是36岁这一年，她开始想着要去做些什么了。

辞职去旅行，而且是带着全家，放在中国大部分普通的工薪阶层都是遥远的事情，可是就在我码字的这几个月里，上周五是她旅行的第81天，她已经回来了，然后写了一句话，"无论出发还是回来，都是为了成为这样的人：外表平静如水，内心坚定如山"。

一切仿佛都没有变，可是对她而言却有太多的收获，我一直记得七月份的某一天，她站在青海湖边的那张照片，水天一色相接，照片的配文是，当你知道生命不能永生，就再也无法过那种庸庸碌碌的日子。

我越发地敬佩这些没事找事，平凡的日子里给自己找麻烦的人了。

前段时间有人给我推荐一个APP，结果我发现需要邀请码才能注册，我看了一眼APP的口号：这里有很酷的女孩，她们洒脱、富有个性、区区小事也全力以赴。

于是写了我的申请注册邀请码理由：你们不就是要很ZUO的女孩吗？我就是啊！

第二天收到邮件，申请通过了，进去游玩，果然都是一类奇葩，女生除了包包衣服，也有更多的人生事项需要探讨，很多芝麻绿豆的小事在这里竟然也能长篇大论分析得头头是道，简直是让我眼界大开。

　　如今的我，再也不会害怕别人对我挑三拣四，或者任何评论了，更不会计较别人因为对我的矫情而嗤之以鼻，遇上价值观不同的碰撞，我也从来不会试着去说服别人。我不是议员，我不是辩手，我不需要别人认同我，然后换来人生一场场事项的投票。

　　这一切的最大底气，并不在于我有多强大的内心，而是我会在心里告诉那个人，你不知道的是，为了对生活发生兴趣，我们这样的人，想办法付出了多大的努力。

　　唯有时间不可逆，也唯有经历不可重塑。

　　那些生活里斤斤计较的人，期待着你们在不影响别人，不伤害别人的前提下，永远生猛下去。

发 呆 片 刻

对那些急切想拯救我们的人最好要带着一颗机警的心。
因为哪怕是最小的恩惠都是有价格的。

——美剧《绝望的主妇》

夹缝中生存的 Office Lady

About: 女性如何平衡工作、家庭与健康?

01

我曾经在微博上看到一个小故事。

有个90后女生在广告行业工作,因为天资聪明,加上足够努力,工作两年多就有了很不错的成绩。有一天她在过生日的时候写了一些在广告行业的感受发在了微博上,先是大倒苦水,然后表达了自己对这份工作的热爱,说"因为创意性的工作让我感觉兴奋,当自己的作品可以被大面积地呈现出来,我会很有成就感"。

当时有两个评论,一个大概是说,对女生来说工作再重要也比不上家庭和孩子，努力工作没用。还有一个说你还年轻，五年后你还这样想的话，除非是真爱这个工作，否则就是傻。

我对此不是很认同，比如说第一个评论，凭着那个女生现在的努力程度，等到她有了家庭有了孩子以后，她的专业技能已经拥有了不可替代性了，那就意味着她有了更多的自主权。那么你又怎么判定，她那个时候还是依旧需要拼命加班的人，没有办法顾及自己的家庭和孩子呢？

所以，这就是我想说的第一个观点。刚进入职场的时候，其实多努力打拼一点是没关系的，甚至可以说是一件很必要的东西。因为你前面越努力，积攒的资本越多，意味着你后面的选择权也越多。

这个时候你一无所有，你有的是年轻跟体力，所以如果通过努力打拼来表现出你的职场态度，这至少不会给你带来一个很差的开场。

针对第二个评论我想说，同样一份工作，不同人的喜爱程度是不一样的。如果他足够热爱这一份工作，那么努力打拼对他而言，是不需要过于动用意志力的。

我的闺蜜W小姐做的是审计工作，有一天她告诉我说她打算过个三五年就换职业。但是她也跟我补充说，她身边有同事真的是极其热爱这份工作的，在空余的休息时间，也会去跟进行业内的一些信息知识。

所以说我们要客观地对待努力打拼这件事情，因为出发点不一样，热情的程度不一样，那么你的心态造就出来的辛苦感受也不一样。

我们知道一些热门的行业，比如说金融、广告、公关这些工作，加班是一种常态。

在我还没有参加工作以前，我看影视剧里关于职场的场景，说是为了一个项目奋斗三天三夜，最后终于完成任务，整个团队兴奋不已。当时的我就在心里期待着也能拥有这样热情洋溢的工作环境。

这些年里我会看很多关于创业家的故事，在这些成功的创业家的描述里，会告诉我们一开始的团队如何艰辛。有一次我听到一个创始人说，为了产品上线，整个团队的人在公司里睡了七天。

其中有个员工是在自己的老婆生孩子前一个小时才赶到医院，

还有一个员工因为戴了七天的隐形眼镜最后取不出来，只能去医院处理，眼睛差点都瞎了。

听到这些具体案例的时候，我的头皮是发麻的，我心里一点也兴奋不起来，更别说感动。

你也可以说因为我不是创业者，我不是一个特别有激情有梦想的人，所以我对于这一切是无感的。

但是我想说的是，我们选择一份工作的原因首先是解决温饱，其次是提升自我的可能性，最后才是更高一层境界的梦想驱动。

这三层关系的顺序如果倒过来，那我只想弱弱地说一句，这个老板在耍流氓，这个公司也不值得去。

当然我说的这一切都是基于一个普通员工角色的基本想法，那些打地铺、吃盒饭、吃了种种体力辛苦，而后成功逆袭的故事并不具有普适性，所以没有必要拿来借鉴。

所以我想表达的第三个观点是，在你努力打拼之前，最好给自己一个十足的理由。

要么是老板给的钱够多；要么是老板给你的梦想蓝图够大，并且你自己能够理性地判断这是靠谱的；还有就是你的工作状态就是如此，比如说忙碌起来的时候会集中在一段时间里，其他的时间较为正常。

以上这些都是可以接受自己努力打拼的前提所在。

02

我再来说说怎么平衡工作与健康的事情。

我的第一份工作相对而言比较稳定，朝九晚六基本上不需要加班，同事们都是下班就走，或者回去照顾家里，或者出去玩，但我反而会主动选择在公司里加班，去补充刚进入职场时不懂的行业知识，身边也总会有人劝我不要这么拼。

等到后来我进入互联网公司的时候，我才知道互联网公司的节奏就是开会头脑风暴然后干活，基本上大家都没有下班的意识。开始的时候我很不适应，但是因为大家都没有走，我也不好意思离开，一开始是八点下班，然后是十点下班，后来慢慢就习惯这个时间点了。也是从这个时候开始，我发现我自己的身体吃不消了。

由于晚上加班，第二天就起不来，没有时间吃早饭，后来我觉得这样下去不行，于是准备一些零食，也会在周末抽空运动一下，接着睡一个懒觉来补充能量。

这段时间的我虽然体力上很是辛苦，但是看在喜欢这份工作并且待遇还不错的分儿上，我也坚持了下来。

这是我想表达的第四个观点，就是当自己的工作环境就是属于特别辛苦状态的时候，更加不要打着没有空的名义虐待自己。反而是要想一些细小的办法，让自己学会抽空补充能量，比如间歇性休息，听听音乐，午睡的时候小眯一下。

你要知道的是，当你在努力奋斗的时候，你的老板肯定是很高兴的，但是你要想办法对自己的身体负责，至少你自己心里要有这么一个意识。

我想表达的第五个观点，就是当你对自己的工作有了一定熟悉的时候，就要开始反思一下，持续忙碌的缘由是自己的工作效率出了问题，还是因为整个公司的流程问题。

应该在处理问题时养成轻重缓急，并将流程梳理清楚，有步骤高效率地去完成手中的任务。

03

下面我来说说针对女生职场人的一些感受。

首先是女生自己也要有一个让自己身体健康的意识，这是让自己获得职场尊重的最基础条件。

身体健康是获得一切的基本条件。如果需要你的时候，你身体状况不好，谁也不敢把重要的工作交给你，我想这是大家都明白的道理。当然也有一些人觉得工作不用那么努力，身体素质一般嫁得好就可以了，更轻松。但我想说，毕竟生活都是冷暖自知的事情，得到了一些总是要付出另外一部分的，这个逻辑我就不具体展开了。

其次是既然作为一个女生，那么就要学会示弱，遇到生理期或者是不舒服的时候千万不要硬扛，因为这是大部分女生都会遇到的状况。

在这样的情况下，首先注意调整自己的情绪，不要影响到工作，继而抱怨生活。另一方面是要关注自己的生理期，安排好工作事项，或者在饮食方面做一些准备，别让自己慌张。

第三就是女生要有一个时间概念，也就是紧迫性的问题。

就大部分情况来说，女生到了二十七八岁的时候，基本上就已经开始迈入结婚的阶段，继而就要怀孕生娃，这个时候平衡工作与健康就变成了一件很紧急的事情。

在这个阶段开始以前，我们要有意识地让自己的工作积攒到一个比较好的情况，即表现出自己在工作当中的地位和能力，以便在怀孕休假前能够顺利将工作妥善地交给交接人，这些都是避免让自己产后复出工作面临被调岗、降薪或受到忽视的砝码。同时在放假期间也有意无意地刷一下存在感，和同事领导保持联系。只要做到这些，即便产后回来工作不顺利，也不害怕重新找到一份优越的工作。

也就是说千万不要提前消耗自己的享乐部分，你要尽可能地去努力奋斗，趁着自己年轻多去积累，然后你才可能换得后面相对而言比较好的选择资本。

04

我再来说一说精神层面的梳理。

由于女生天生都会比男生更加细腻敏感，所以对自己的心理状态的呵护需要更加细心一些。

一方面我们自己要有这个意识，要对自己好起来，不要真的把自己当成纯粹的女汉子，硬撑着觉得什么事情我都可以做。

另一个方面女生也有很多梳理自我的平衡方式，比如女生天生比较喜欢吃吃喝喝跟买买买，跟朋友游玩拍朋友圈，分享八卦新闻……这些都属于让自己减压的方式。

所以培养一门兴趣很有用，这样可以保证在你自己心理上承受巨大压力的时候有一个发泄以及安慰的去处，而不是纯粹地把苦闷压抑在心里。

我工作中遇到很多女强人，有一部分把家庭事业处理得很好，但更多的是因为工作太拼而影响了身体和家庭导致离婚的案例。所以我虽然希望女生自立，年轻时候多努力让自己之后的选择余地更多，但也不是片面地鼓励大家成为女强人，而是要做到张弛有度，一定清楚自己能承受到哪个部分，不要勉强。因为每个人的人生重点不一样，对于女生而言，一念之间的选择特别重要。

于宙在TED大会上分享过一个观点，真正的勤奋不是被迫机械性重复劳动，也不是自我感动式的摧残健康，更不是因为拖延症导致的最后一刻效率爆发。

"它来自于一个人的内心深处，对于那些无法获得即刻回报的事情，依然能够保持十年如一日的热情与专注。"

这是我特别认同的部分。

这让我想到刘涛的经历。

她之前嫁入了豪门，我们以为她会和其他贵妇人一样享福慢慢淡出大家的视线，可是后来听说她的先生在生意上出现了问题，并且陷入了抑郁症。

这时候刘涛重新复出，演戏、跑通告、组建影视公司成为老板娘，一方面支撑起养家的经济压力，另一方面也给自己的先生带来了动力和安慰，让先生从低谷中走了出来。

说这个是因为，我觉得我们现在努力工作，并不是为了证明给别人看我是一个多么牛逼的人。我们之所以努力的动力源泉，是为了有一天当自己决定不上班成为一名家庭主妇的时候，我不会因为被别人指指点点，于是就觉得自己没出息了。

这只是我的个人意愿而已，没有人强迫我。

我们之所以在职场初期要积累资本的原因，更是为了当未来有一天我的家庭出现重大的挫折跟危机的时候，我依旧有重新走入职场的资本，我更有扭转困局、复盘余生的能力。

这就是我最想表达的感悟。

发 呆 片 刻
————————

当我刚开始工作的时候，有人给了这样一条建议。
男人可以偷懒，而女人不行。
我想你更要加倍努力，不仅仅因为你重新回到职场相当晚，
而且你家里的负担很沉重。

——美剧《傲骨贤妻》

图书在版编目（ＣＩＰ）数据

选择你所能承受的那条路 / 达达令著. -- 北京：
中国友谊出版公司，2016.8
ISBN 978-7-5057-3805-8

Ⅰ.①选… Ⅱ.①达… Ⅲ.①成功心理－通俗读物
Ⅳ.①B848.4-49

中国版本图书馆CIP数据核字(2016)第178888号

书名	选择你所能承受的那条路
作者	达达令
出版	中国友谊出版公司
发行	中国友谊出版公司
经销	新华书店
印刷	东莞市信誉印刷有限公司
规格	880×1230毫米　32开
	10.5印张　200千字
版次	2016年9月第1版
印次	2016年9月第1次印刷
书号	ISBN 978-7-5057-3805-8
定价	38.00元
地址	北京市朝阳区西坝河南里17号楼
邮编	100028
电话	（010）64668676